21 世纪全国本科院校电气信息类创新型应用人才培养规划教材

数字图像处理及应用

主　编　张培珍

副主编　栗风永　李　颖

北京大学出版社
PEKING UNIVERSITY PRESS

内 容 简 介

本书每章以生动有趣的引例开篇,激发学生的学习兴趣;用丰富的图像和图例描述抽象的算法;每章结尾处,紧密结合相关内容设计综合应用实例,力图培养学生的创新能力;习题不只是局限于计算,还将编程和设计能力作为练习的重点,同时增加热点问题的讨论,便于开展课堂互动。另外,本书将教师研究项目纳入教学环节,有利于提高学生的学习热情和参与度,鼓励学生自主完成设计作品,充分体现培养应用型和创新型人才的宗旨。

本书主要内容包括:绪论、数字图像处理基础、彩色图像处理、图像变换、图像增强、图像复原、图像压缩与编码技术、图像分割、图像特征提取与识别、数字图像处理技术典型应用的系统设计和实验。

本书适合作为高等院校电气、电子、信息等专业的教材,也可供相关技术人员参考使用。

图书在版编目(CIP)数据

数字图像处理及应用/张培珍主编. —北京:北京大学出版社,2015.8
(21 世纪全国本科院校电气信息类创新型应用人才培养规划教材)
ISBN 978-7-301-26112-5

Ⅰ.①数… Ⅱ.①张… Ⅲ.①数字图象处理—高等学校—教材 Ⅳ.①TN911.73

中国版本图书馆 CIP 数据核字(2015)第 171419 号

书 名	数字图像处理及应用
著作责任者	张培珍 主编
责 任 编 辑	程志强
标 准 书 号	ISBN 978-7-301-26112-5
出 版 发 行	北京大学出版社
地 址	北京市海淀区成府路 205 号 100871
网 址	http://www.pup.cn 新浪微博:@北京大学出版社
电 子 信 箱	pup_6@163.com
电 话	邮购部 62752015 发行部 62750672 编辑部 62750667
印 刷 者	三河市博文印刷有限公司
经 销 者	新华书店
	787 毫米×1092 毫米 16 开本 15 印张 342 千字
	2015 年 8 月第 1 版 2015 年 8 月第 1 次印刷
定 价	36.00 元

前　言

　　本书作为数字图像处理原理和应用的基础性教材，目的是适当降低理论深度，加强学生实践能力的培养及其对应用的理解。本书以理论联系实际、增强实践能力为宗旨，在内容编写和章节安排方面具有以下几个特点。

　　(1) 简化理论公式的推导，重点突出对基本概念和基础知识的理解，以实例的形式帮助读者更好地理解图像处理算法。

　　(2) 每章以妙趣横生的引例为开篇，避免了枯燥的理论解释和原理阐述，有利于激发读者的学习兴趣。

　　(3) 文中穿插了小故事、小知识、百度百科等关于图像处理方面实时的、热点的案例，有利于提高读者在社会生活中的理论与实践相结合运用的能力。

　　(4) 用丰富的图像涵盖所有章节，为突出图像的视觉效果，扫描图像下方二维码，可以获取彩色图像信息。

　　本书共 11 章，其中第 1～3 章主要是对图像处理技术的概述和对应用基础的描述；第 4～6 章分别对图像变换、图像增强和图像复原等低层图像处理技术进行详尽阐述；第 7 章介绍了常用的图像编码方法；第 8 章和第 9 章分别针对经典的图像分割算法以及图像特征提取和识别进行介绍；第 10 章给出了两个关于图像处理的具体实例，详细的编程过程和工作界面可以为初学者提供参考；第 11 章共 8 个实验，其中最后一个实验包含两个综合设计，使读者可以进一步拓展应用，为帮助读者更快地积累感性知识开创了新的途径。

　　本书第 1、6、8、9、11 章由广东海洋大学张培珍副教授编写；第 2、3、7、10 章由上海电力学院栗风永博士编写；第 4、5 章由广东海洋大学李颖博士编写；整体构建与审核工作由张培珍完成。在本书的编写过程中，第 11 章的编写得到了莫柄戈、雷桂斌的大力帮助和支持，在此表示感谢！同时，对提供大量参考资料的相关网站和专家学者表示感谢！

　　由于时间和水平有限，书中疏漏之处在所难免，敬请读者和专家批评指正。

编　者

2015 年 5 月

目　　录

第 **1** 章
绪　　论

　　图像处理是对图像进行分析、加工和处理，使其满足视觉、心理以及其他要求的技术。数字图像处理(Digital Image Processing)是用计算机对图像信息进行处理的一门技术。图像是人们获得信息的重要来源，据统计，在人类接收的信息中视觉信息占60%，听觉信息占20%，而其他感知系统获得的信息的总和只占 20%。《汉书·赵充国传》中有非常著名的成语"百闻不如一见"，恰当地反映了图像是信息传递的主要途径。

 教 学 目 标

- 掌握数字图像与数字图像处理的概念；
- 掌握数字图像处理的基本步骤与图像处理系统的主要结构；
- 了解图像处理技术的产生与发展；
- 了解图像处理应用。

教 学 要 求

知 识 要 点	能 力 要 求	相 关 知 识
图像与图像处理	(1) 掌握模拟图像和数字图像的区别与联系 (2) 了解图像与图形的区别与联系 (3) 掌握图像的分类 (4) 理解不同图像格式	图像，图形；模拟图像，数字图像；像素
数字图像处理的基本步骤与系统框架	(1) 掌握数字图像处理的目的、任务及方法 (2) 掌握数字图像处理的主要模块及功能 (3) 熟悉数字图像处理与其他学科的关系	图像处理方法
图像处理技术的产生与发展	(1) 了解图像处理技术的产生 (2) 了解图像处理发展现状 (3) 了解图像处理未来趋势	
图像处理的应用	了解图像处理的主要应用领域	

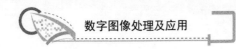

推荐阅读资料

[1] R. C. 冈萨雷斯. 数字图像处理[M]. 阮秋琦, 译. 北京: 电子工业出版社, 2003.

[2] R. C. 冈萨雷斯. 数字图像处理(MATLAB 版)[M]. 阮秋琦, 译. 北京: 电子工业出版社, 2005.

[3] 阮秋琦. 数字图像处理学[M]. 2 版. 北京: 电子工业出版社, 2007.

[4] 章毓晋. 图像工程[M]. 2 版. (上, 中, 下). 北京: 清华大学出版社, 2005.

[5] 陈炳权, 刘宏立, 孟凡斌. 数字图像处理技术的现状及其发展方向[J]. 吉首大学学报, 2009, 30(1): 63-71.

 ### 基本概念

图像(Image): 图像是人对视觉感知的物质再现, 是指由输入设备捕捉的实际场景画面或以数字化形式存储的任意画面。

图形(Figure): 是指由外部轮廓线条构成的矢量图, 即由计算机绘制的直线、圆、矩形、曲线、图表等。

模拟图像(Analogue Image): 通过某种物理量(如光、电等)的强弱变化来记录图像亮度信息。

数字图像(Digital Image): 数字图像是由模拟图像数字化得到的, 它以像素为基本元素, 可以用数字计算机或数字电路存储和处理。

图像处理(Image Processing): 是对图像信息进行加工以满足人类视觉或应用需求的行为。

数字图像处理(Digital Image Processing): 利用计算机或其他数字技术, 对图像信息进行某些数学运算和加工处理, 来改善图像的视觉效果并提高图像实用性的技术。

引例

图像与图象

百度百科中把图像等同 "图象", 并给出英文表示 image。

汉语词典中对图象有以下解释。

(1) 画成, 摄制或印制的形象。

(2) 画像; 描绘。汉代王充在《论衡·雷虚》中写道: "如无形, 不得为之图象。"《后汉书·列女传·叔先雄》: "为雄立碑, 图象其形焉。" 意为画像。

(3) 画成的人物形象; 肖像。《三国志·魏志·臧洪传》: "故身著图象, 名垂后世。" 蔡元培《美术的起源》: "由静的美术, 过渡到动的美术, 是舞蹈, 可算是活动的图象。"

纠正: 因为用 "图像" 一词时过多错误地使用成了 "图象", 容易使大家误认为 "图象" 就是 "图像"。其实, 图像是各种图形和影像的总称。广义上, 图像包括: 纸介质上的、底片或照片上的、电视、投影仪或计算机屏幕上的所有具有视觉效果的画面。

网络小故事： 图像处理标准测试图——Lena 的故事(来源于网络)

在数字图像处理中，Lena(Lenna)是一张被广泛使用的标准图片，特别在图像压缩的算法研究中。每天全球数以万计的科研人员用 Lena 进行着反复实验，并将以 Lena 为例子的论文发表在核心期刊上，如图 1.1 所示。

图 1.1　Lena 图像

图片中的女孩全名 Lena Soderberg，瑞典人。该照片后来在南加州大学经过数字化后，成为学术研究人员的测试图像之一。这张图片背后的故事是颇有意思的，这张照片实际上是 1972 年 11 月的著名成人杂志 *Playboy* 的插页，在数字图像处理界使用的 Lena 图像是该幅插页的部分截图。在这期杂志中使用了 "Lenna" 的拼写，而实际莉娜在瑞典语中的拼写是 "Lena"。

这张图像的来历：

Alexander Sawchuk 担任 SIPI 电机工程系的助教，正和他的同事们在实验室里匆匆忙忙找一幅用于会议论文的图像。对于长期使用的一般测试图像他们早就感到厌烦，那些都是 20 世纪 60 年代早期的电视工作的标准。他们想找一份表面光滑的照片以确保有好的输出质量，而且还要是一张人脸。恰恰就在那时，一人夹着新出的 *Playboy* 走了进来。工程师们拿过杂志，顺手将中间的裸体插页的上 1/3 撕了下来。他们要一张 256×256 大小的影像，因此扫描了这张照片上方 5.12 英寸宽的范围，也就是到达 Lena 的肩部左右。

为什么要使用 Lena 图像？David C. Munson 在 "A Note on Lena" 中给出了两条理由：首先，Lena 图像包含了各种细节、平滑区域、阴影和纹理，这些对测试各种图像处理算法很有用；第二，Lena 图像里是一个很迷人的女子。所以不必奇怪图像处理领域里的人(大部分为男性)被一幅迷人的图像吸引。

1.1　图像和图像处理

1.1.1　图像的分类

图像可以由光学设备或人为创作，如利用照相机、镜子、望远镜、显微镜或手工绘画等方式来获取。图像可以记录、保存在纸质媒介、胶片等对光信号敏感的介质上。随着数

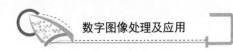

字采集技术和信号处理理论的发展，越来越多的图像以数字形式存储。根据不同属性可以对图像进行以下分类。

(1) 根据空间坐标和幅度连续性分为：模拟图像和数字图像。

(2) 根据成像原理分为：红外图像、雷达成像、卫星成像、光学成像和超声成像等。

(3) 根据色彩分为：彩色图像、灰度图像和二值图像。

(4) 根据维数分为：平面图像(二维)和立体图像(三维)。

常见模拟图像

所有手工制作的画稿，包括绘画作品、书法作品、手工作品、印刷品、都是模拟图像。光学相机记录景物所用的胶片即照相底片、把底片中图像扩印到相纸上的照片也是模拟图像的典型代表，如图 1.2 所示。

(a) 蒙娜丽莎画像　　　(b) 赵孟頫《兰亭序十三跋》残本　　　(c) 柯达胶卷

图 1.2　模拟图像示例

1.1.2　图像的数学表示

一幅图像可以看成是空间各个坐标点上的光强度的集合，图像函数一般表达式为

$$I = f(x, y, z, \lambda, t)$$

式中(x, y, z)为空间坐标，λ是波长，t是时间，I是图像在空间(x, y, z)处的强度或亮度，所以I可以表示一幅运动的、彩色的、三维立体图像。静止图像，则I与时间t无关；若图像为灰度图像，则波长λ为常数；而平面图像则与坐标z无关。相对应的表达式为

$$\begin{cases} I = f(x, y, z, \lambda), & \text{静止图像} \\ I = f(x, y, z, t), & \text{灰度图像} \\ I = f(x, y, \lambda, t), & \text{平面图像} \end{cases} \tag{1-1}$$

可以得出，静止的灰度图像表示为：$I = f(x, y)$。

1.1.3　模拟图像数字化

要在计算机中处理图像，必须先把真实的图像(照片、画报、图书、图纸等)通过数字化转变成计算机能够接受的显示和存储格式，然后再用计算机进行分析处理。图像的数字化过程主要分采样、量化与编码 3 个步骤。

1. 采样

采样(Sampling)是对图像空间坐标的离散化，采样间隔决定了图像的空间分辨率。若模拟静止灰度图像用连续的函数 $f(x, y)$ 描述，对二维空间上连续的图像在水平和垂直方向上等间距地分割成矩形网状结构，所形成的单位网格称为像素(Pixel)。

采样一般分为均匀采样和非均匀采样两种。对于二维图像 $f(x, y)$，均匀采样就是把二维图像平面在 x 方向和 y 方向分别进行等间距划分，形成一个二维网格，将网格中心点位置用坐标 (m, n) 来表达，整个坐标全体就构成了该幅图像的均匀采样结果。非均匀采样通常是为了应对某种特殊的应用，在图像内灰度变化比较剧烈的区域(边缘和纹理较多的区域)采用较密集的采样点，而在图像内部灰度变化比较平缓的区域(细节较少的区域)采用较稀疏的采样点，这种采样获得的图像可能比均匀采样具有更高的图像质量。

 **注意事项**

由于二维图像的采样是一维信号的推广，根据信号的采样定理，要从采样样本中精确地复原图像，需要满足图像采样的奈奎斯特(Nyquist)定理：图像采样的频率必须大于或等于源图像最高频率分量的两倍。减少图像采样间隔，图像分辨率提高。即采样频率越高，得到的图像样本越逼真，图像的质量越高，但要求的存储量也越大。

模拟图像 $f(x, y)$ 采样后用 $I(m, n)$ 表示，数字图像 I 每行像素为 M 个，每列像素为 N 个，则图像大小为 $M \times N$ 个像素。采样后的数字图像可以用矩阵描述如图 1.3 所示。

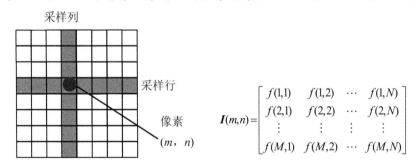

图 1.3 图像采样与矩阵表示

式中，M 和 N 均为正整数，$m=1, 2, \cdots, M; n=1, 2, \cdots, N$。

2. 量化

模拟图像经过采样后，在空间上离散化为像素，但像素的幅值仍然是连续的量。需要对像素的灰度值进行量化(Quantization)使其离散化。量化后每个像素的量度值用二进制的 bit 数表示，决定了幅度分辨率。最简单的量化是用黑(0)白(1)两个数值(即二值)来表示，成为二值图像。量化越细致，灰度级数表现越丰富。图 1.4 给出不同量化等级图像示意图。

计算机中一般用 8bit(256 级)来量化，这意味着像素的灰度是 0~255 之间的数值。可见，图像的量化级数一定时，采样点数越多，图像质量越好；当采样点数减少时，图像块状效应就逐渐明显。同理，当采样点数一定时，量化级数越多图像质量越好，量化级数越少，图像质量越差。

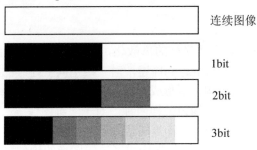

图 1.4　不同量化等级图像

思考

如何计算图像数据量？

图像数字化过程中行列数和量化等级不仅影响图像质量，也影响到该图像的数据量大小。假定图像采样后有 $M×N$ 个点，每个像素量化后二进制数为 Q，一般 Q 为 2 的整数幂，即 $Q=2^k$，则存储该数字图像所需的 bit 数为：$M×N×k$(bit)；字节数为：$(M×N×k)/8$(Byte)。

如一幅 $512×512$ 的灰度图像的比特数和字节数为

$$512×512×8=2\,097\,152bit=256KB。$$

而一部 90 分钟的彩色电影，每秒放映 24 帧。把它数字化，每帧 512×512 像素，每像素的 R、G、B 三分量分别占 8 bit，图像总比特数为

$$90×60×24×512×512×8×3bit=97\,200MB。$$

可见，数字图像通常要求很大的比特数，这给图像的传输和存储带来相当大的困难。

1.2　数字图像处理的方法

1.2.1　图像变换

图像变换(Image Transformation)包括空间变换和频域变换。空间变换可以看成图像中物体(或像素)空间位置改变，如对图像进行缩放、旋转、平移、镜像翻转等。

经采样得到数字图像为了保证空间和幅度分辨率，图像阵列很大，直接在空间域中进行处理，需要较高的计算量和存储空间。因此，往往采用各种图像变换的方法，如傅里叶变换、沃尔什变换、离散余弦变换等间接处理技术，将空间域的处理转换为变换域处理，不仅可减少计算量，而且可以更有效地进行运算。目前新兴研究的小波变换在时域和频域中都具有良好的局部化特性，而得到广泛应用。

名人名言

傅里叶变换是一首数学的诗

傅里叶的研究成果，是表现数学的"美的"典型。恩格斯把傅里叶的数学成就与他所推崇的哲学家黑格尔的辩证法相提并论，他写道：傅里叶是一首数学的诗。傅里叶变换是将时域信号分解为不同频率的正弦信号或余弦函数叠加之和，傅里叶变换形象的描述为数

学上的透镜。棱镜是可以将自然白光分解为不同颜色，每个成分的颜色由波长(或频率)来
决定，如图 1-5 所示。

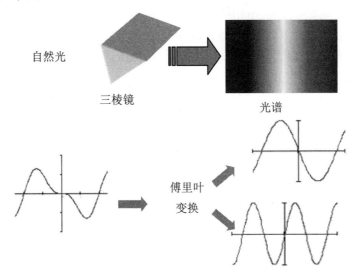

图 1.5 傅里叶变换是数学上的透镜

1.2.2 图像增强

图像增强(Image Enhancement)目的是改善图像质量，使图像更加符合人类的视觉效果，
从而提高图像判读和识别效果的处理方法。图像增强方法大致分为两类：一类是空间域处
理法；另一类是频域处理法。空间域是直接对图像的像素进行处理，基本上是以灰度映射
变换为基础的。频域处理法是在图像的变换域内，对变换后的系数进行运算，然后再反变
换到原来的空间域，得到增强的图像。主要图像增强算法如图 1.6 所示。

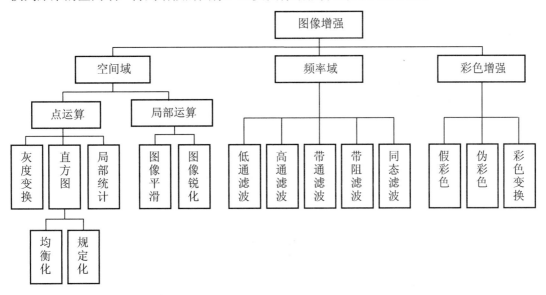

图 1.6 图像增强算法

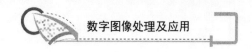

1.2.3　图像复原

图像复原(Image Restoration)就是对退化的图像进行处理，找出图像降质的原因，建立数学模型，尽可能改善恢复原始图像的内容和质量。而图像退化是指图像在形成、记录、处理和传输过程中，图像质量下降的现象。引起图像退化的主要原因是以下几点。

(1) 成像系统镜头聚焦不准产生的散焦模糊。

(2) 成像过程中，成像设备与目标物体之间存在相对运动而产生运动模糊。

(3) 成像设备的固有缺陷，如相差、畸变等造成图像失真。

(4) 几何失真以及外部噪声干扰等。

图像复原对图像降质的原因进行分析，建立"降质模型"，再采用某种滤波方法，恢复或重建图像。

1.2.4　图像分割

图像分割(Image Segmentation)是根据灰度、颜色、纹理和形状等特征把图像划分为有意义的若干区域或部分。图像分割是进一步进行图像识别、分析和理解的基础。常用的分割方法有阈值法、区域生长法、边缘检测法、聚类方法、基于图论的方法等。

图像分割是图像分析的关键步骤，也是图像处理技术中最古老的和最困难的问题之一。近年来，许多研究人员致力于图像分割方法的研究，但是到目前为止还没有一种普遍适用于各种图像的有效方法和判断分割是否成功的客观标准。因此，对图像分割的研究还在不断深入之中，是目前图像处理中研究的热点之一。所以分割技术的未来发展趋势是除了研究新理论和新方法还要实现多特征融合、多分割算法融合。

1.2.5　图像压缩编码

在满足一定保真度的要求下，对图像数据进行变换、编码和压缩，去除冗余数据减少表示数字图像时需要的数据量，以便于图像的存储和传输。图像压缩以较少的数据量有损或无损地表示原来的像素矩阵，也称图像编码。

图像压缩编码(Image Compression Coding)可分为以下两类。

(1) 无损压缩编码：压缩是可逆的，即从压缩后的数据可以完全恢复原来的图像，信息没有损失。

(2) 有损压缩编码：压缩是不可逆的，即从压缩后的数据无法完全恢复原来的图像，信息有一定损失。

压缩可以在不失真的前提下获得，也可以在允许的失真条件下进行。编码是压缩技术中最重要的方法，它在图像处理技术中是发展最早且比较成熟的技术。

问题

为什么进行图像压缩

数字图像的数据量非常大，以 1024×1024, 8bit 灰度图像为例，它包含 1MB 的数据量，而 24bit 的彩色图像则需要 3MB 的数据量。随着信息技术的高速发展，人们对于视频、图像等多媒体文件的存储和传输有了更多的需求，这就给数据压缩提出了更高的要求。图像编码压缩技术可减少描述图像的数据量(即比特数)，以便节省图像传输、处理时间和减少所占用的存储器容量。

1.2.6 图像描述

图像描述(Image Description)是图像识别和理解的必要前提。在将图像分割为区域后，进一步利用数据或符号将分割区域加以表示与描述，以便使其更适合计算机处理。最简单的二值图像可根据其几何特性描述物体的特性，一般图像的描述方法有二维形状描述(边界描述和区域描述)、二维纹理特征描述等。三维物体描述的研究中采用了体积描述、表面描述、广义圆柱体描述等方法。

主要图像描述方法包括以下几种。

(1) 链码：链码是对边界点的编码表示方法，利用一系列具有特定长度和方向的相连线段表示目标的边界。

(2) 多边形逼近：用最少的多边形线段，获取边界形状的本质，有点合成法和边界分裂法。

(3) 外形特征：利用一维函数表达边界，把边界的表示降到一维函数。

(4) 边界分段：先平滑边界，或用多边形逼近边界，然后再分段，跟进入和离开凸起补集的变换点进行标记来划分边界段。

(5) 区域骨架：通过细化算法获取区域骨架，表示平面区域结构形状。

(6) 傅里叶描述，对边界的离散傅里叶变换表达，可以作为定量描述边界形状的基础。

(7) 边界描述子：包括简单描述子(如周长、曲率、直径、凸线段点、凹线段点等)、形状数(最小循环首差链码)、傅里叶描述子等。

(8) 矩描述：实现 HU 不变矩的计算。

1.2.7 图像分类(识别)

图像分类(识别)(Image Classification, Image Recognition)是以图像的主要特征为基础的。图像经过某些预处理(增强、复原、压缩)后，进行图像分割和特征提取，从而进行判决分类。图像分类方法包括统计方法和结构方法，统计方法可以分为监督分类和非监督分类方法。图像分类识别系统大体可以分成信息的获取、信息处理、判断和分类 3 部分，如图 1.7 所示。

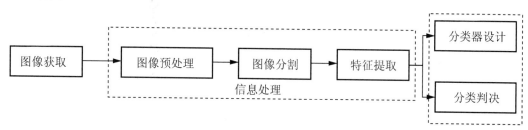

图 1.7 图像分类识别系统

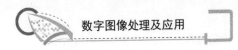

分类识别系统各部分功能如下。

(1) 信息的获取：通过传感器，将光或声音等信息转化为电信息。信息可以是二维的图像，可以是一维的波形，如声波、心电图、脑电图，也可以是物理量与逻辑值。

(2) 预处理：图像二值化，图像的平滑、变换、增强、恢复、滤波等。

(3) 图像分割：根据需要将图像划分为有意义的若干区域或部分。

(4) 特征提取：在模式识别中，需要进行特征的抽取和选择，获得在特征空间最能反映分类本质的具有代表性的特征。

(5) 分类器设计：主要功能是通过训练确定判决规则，使按此类判决规则分类时，错误率最低。

(6) 分类判决：在特征空间中对被识别对象进行分类。

1.3 数字图像处理系统的组成

数字图像处理系统主要包括图像数字化设备、图像处理设备、图像显示设备、图像存储设备。典型的图像处理系统的组成如图 1.8 所示。

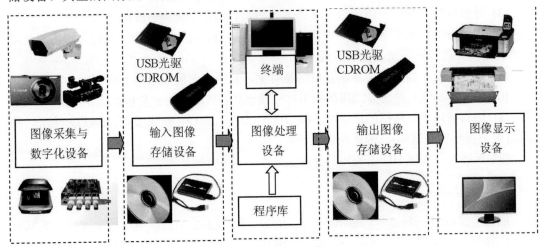

图 1.8 图像处理系统

1.3.1 图像数字化设备

数字化设备将图像转换成计算机可以处理的数字形式，如物理传感装置、数字化仪、扫描仪、视频采集卡、摄像机、监控摄像头、数码相机等。

1.3.2 图像存储设备

储存图像信息的设备，通常是将信息数字化后再以电、磁或光学等方式的媒体加以存储。图像信息存储主要有以下 3 类。

(1) 快速存储器：计算机内存。

(2) 在线或联机存储器：如磁盘、磁光存储器、U 盘、移动硬盘等。

(3) 数据库(档案库)存储器：磁带、一次写多次读的光盘等。

1.3.3　图像处理设备

利用计算机对数字图像进行各种运算，用算法形式描述，并可用软件实现。包括几何变换、图像增强、图像复原与重建、图像编码、图像识别等。

1.3.4　图像显示设备

利用可视化的方法对图像进行输出和显示，主要分为以下两类。

(1) 软复制方式：如 CRT 显示、液晶显示(LCD)、场致发光显示(FED)。

(2) 硬复制方式：如激光打印机、胶片相机、绘图仪、热敏装置、喷墨装置和数字单元(CD-ROM)等。

1.4　数字图像处理的特点和优点

1.4.1　数字图像处理的主要特点

(1) 处理的信息量大：数字图像处理的信息为二维和高维信息，信息量很大，因此对计算机的计算速度、存储容量等要求较高。

(2) 占用频带较宽：与语音信息相比，占用的频带要大几个数量级。所以在成像、传输、存储、处理、显示等各个环节的实现上，技术难度较大，成本也高，这就对频带压缩技术提出了更高的要求。

(3) 各像素存在相关性：数字图像中各个像素不是独立的，存在相关性，因此，可以进行有效的数据压缩。

(4) 人为因素影响大：图像处理质量一般通过主观评价，受环境条件、视觉性能、人的情绪爱好以及知识状况的影响大，因而数字图像处理质量的评价还有待进一步深入的研究。

1.4.2　数字图像处理的主要优点

(1) 再现性好：数字图像处理与模拟图像处理的根本不同在于，它不会因图像的存储、传输或复制等一系列变换操作而导致图像质量的退化。

(2) 处理精度高：按目前的技术，几乎可将一幅模拟图像数字化为任意大小的二维数组，现代扫描仪可以把每个像素的灰度等级量化为 16 位甚至更高，这意味着图像的数字化精度可以达到满足任意应用需求。

(3) 适用面宽：图像可以来自多种信息源，从图像反映的客观目标的尺度看，可以小到电子显微镜图像，大到航空照片、遥感图像甚至天文望远镜图像。这些来自不同信息源的图像只要被变换为数字编码形式后，即为二维数组表示的灰度图像组合，因而均可用计算机来处理。

(4) 灵活性高：数字图像处理不仅能完成线性运算，而且能实现非线性处理，可以用数学公式或逻辑关系来表达的运算均可用数字图像处理实现。

1.5　数字图像处理的起源与发展

数字图像处理将图像信号转换成数字信号并利用计算机对其进行处理，起源于 20 世纪 20 年代，目前已经广泛地应用于科研、生产、医学、航空、航天、军事、公安、文化和艺术等领域。

图像处理起源小故事：(以下内容来源于冈萨雷斯数字图像处理)

数字图像处理最早的应用之一是在报纸业，当时引入巴特兰电缆图片传输系统，20 世纪 20 年代，通过海底电缆从英国伦敦到美国纽约传输了第一幅数字照片，经过压缩，3 个小时可以传输一幅图像，而不压缩需要一个星期的时间。

1964 年美国喷气推进实验室(JPL) 首次获得数字图像处理实际成功应用，对航天探测器徘徊者 7 号发回的几千张月球照片使用了图像处理技术，获得了月球的地形图、彩色图及全景镶嵌图，为人类登月创举奠定了坚实的基础，也推动了数字图像处理这门学科的诞生。

1972 年数字图像处理在医学上获得巨大成就，英国 EMI 公司工程师 Housfield 发明了用于头颅诊断的 X 射线计算机断层摄影装置，即 CT(Computed Tomography)。

1975 年 EMI 公司又成功研制出全身用的 CT 装置，获得了人体各个部位鲜明清晰的断层图像。1979 年这项无损伤诊断技术获得了诺贝尔奖。

从 20 世纪 70 年代中期开始，随着计算机技术和人工智能、思维科学研究的迅速发展，数字图像处理向更高、更深层次发展。20 世纪 80 年代末，数字图像处理领域不断拓展，图像处理技术应用于地理信息系统。

图像处理技术发展到今天，在许多领域受到广泛重视并取得了重大的开拓性成就，如应用在航空航天、生物医学工程、工业检测、机器人视觉、公安侦探、军事、文化艺术影视等各行各业的方方面面。

图像发展史著名的图像，如图 1.9 所示。

图 1.9　图像发展史著名的图像(以上部分图像下载于豆丁网)

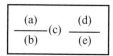

(a) 1921年经编码后用电报打印机打印图像

(b) 美国航天器取得的第一幅月球图像

(c) 1922年两次通过大西洋后打印数字图像

(d) 伦琴本人照片

(e) 第一张X光片(威廉·康拉德·伦琴的夫人的手)

图1.9　图像发展史著名的图像(以上部分图像下载于豆丁网)(续)

小故事

第一张人体X光照片的问世

1895年，德国物理学家伦琴在研究克鲁克斯管的真空放电时，发现了性质不明的X射线。他激动得难以自我控制，一连几天关在沃兹堡大学的一间实验室里进行试验。伦琴的废寝忘食惹怒了他的夫人。几天后，他把夫人带到自己的实验室，向她讲述了自己的新发现，并把一张黑纸包好的照相底片放在她的手掌底下，然后暴露在克鲁克斯管照射下，拍下了历史上第一张人体X光照片。这张珍贵的X光照片显现出伦琴夫人的手骨结构，连那枚结婚金戒指的轮廓也在照片上留下了清晰的影子。

1.6　数字图像处理的应用

图像是人类获取和交换信息的主要来源，因此，图像处理的应用领域必然涉及人类生活和工作的方方面面。如以下几个方面。

物理：谱分析、材料破坏模型参数分析、固体材料无损检测、图像反演、压力分析等。

化学：结晶分析、薄膜形态分析、浓度与成分分析、免疫细胞化学和免疫组织化学中阳性特征定量分析。

生物：细胞分析、染色体分析、血球分类、基因特性分析。

医学：CT、B超、核磁共振成像、染色体分析、癌细胞识别、X光肺部图像增晰、超声波图像处理、心电图分析、立体定向放射治疗等医学诊断。

环境：壁画的修复与增强、矿产资源开发、水质及大气污染调查。

地质：资源勘探、FMI成像测井、地图测绘与地形地貌分析、GIS、航磁、航放等地球物理数据分析与处理。

农业：农产品自动识别采摘、农产品自动分级、染病谷物种子形态识别、虫害监控、土壤特性评价。

林业：资源、流域、森林多样性保护、植物新品种鉴定、自然保护区生态旅游区功能区划分、基本农田保护区调查、木材年轮检测等。

海洋：海洋浮游植物和浮游动物识别、海洋物种鉴定、溢油应急处理、水下目标声呐成像、鱼群探测、海洋污染监测。

水利：岩画数字图像处理、河流分布、水利与水害和调查。

气象：雾霾天气条件下退化图像处理、天气雷达数据分析、卫星云图分析。

通信：传真、电视、多媒体通信。

工业：工业探伤、工业机器人、物体距离测量、工业零件形状分类与尺寸检测、纺织品分类、产品质量检测与控制。

交通：智能车辆检测与违章监控、交通信号灯识别、铁路选线、隧道监测、桥梁监测。

商业：电子商务、身份认证、防伪。

军事：战场视频处理、目标定位、舰船红外图像处理、军事侦察、导弹制导、电子沙盘、军事训练、卫星图像处理。

公安：指纹识别、人脸识别、电子警察、安全监控等。

习　　题

一、简答题

1. 什么是图像？什么是数字图像？什么是数字图像处理？数字图像与模拟图像相比有什么特点和优点？

2. 什么是像素？

3. 什么是图像的采样？什么是量化？采样间隔大小对图像质量的影响如何？量化间隔对图像质量的影响如何？

4. 举 4 个有关数字图像处理内容的例子。

5. 简述图像增强的作用(目标)及其通常所用的手段。

6. 图像处理系统包括哪些基本组成部分？简述各个部分的作用。

二、简单计算

1. 如果一幅灰度图像尺寸为 200×300，每个像素点的灰度为 64 级，则这幅图像的存储空间为多少 bit？

2. 如果一幅 RGB 彩色图像尺寸为 200×300，每个像素点的灰度为 64 级，则这幅图像的存储空间为多少 bit？

三、编程实践

1. 如何利用 MATLAB 打开一幅彩色图像？

2. 如何利用 MATLAB 显示一幅灰度图像？

3. 如何利用 MATLAB 读取图像信息？

第**2**章
数字图像处理基础

本章主要介绍与数字图像处理相关的基本概念和基础知识，以及人眼视觉模型；进一步介绍图像的数字化表示方法，包括图像的表示，图像的分辨率以及图像像素之间的关系；最后介绍数字图像中常见的两种显示格式。

教 学 目 标

● 了解人眼的视觉模型；
● 掌握图像的数字化表示；
● 掌握图像像素分辨率和图像质量的关系；
● 掌握图像像素间的关系；
● 了解常见的图像显示格式。

教 学 要 求

知 识 要 点	能 力 要 求	相 关 知 识
人眼视觉模型	(1) 理解人眼视觉模型 (2) 了解人眼视觉特性	
图像的表示	(1) 掌握图像的采样和量化 (2) 掌握图像的数字化表示	采样；量化
图像分辨率	掌握空间分辨率和灰度分辨率	空间分辨率，灰度分辨率
图像像素间关系	(1) 理解相邻像素的概念 (2) 掌握 3 种像素的距离计算	邻域
图像的显示	理解两种图像显示格式	

推荐阅读资料

[1] R. C. 冈萨雷斯，等.数字图像处理[M]. 阮秋琦，等译. 3 版. 北京：电子工业出版社，2011.

基本概念

人眼视觉模型(Visual Model)：人眼将接收到的光信号经由视细胞转化为生物电信号，然后传输给视神经，最后由视神经中枢传递到大脑进行成像。

图像数字化表示(Digital Image Representation)：将数字图像看作数值矩阵，通过一系列矩阵计算完成相应的图像处理操作。

图像分辨率(Image Resolution)：反映数字图像的视觉质量。包括空间分辨率和灰度分辨率两个方面。

引例

疯狂的螺帽(以下信息来源于网络)

知道钢棒是怎样神奇地穿过这两个看似成直角的螺帽孔吗？如图 2.1 所示。

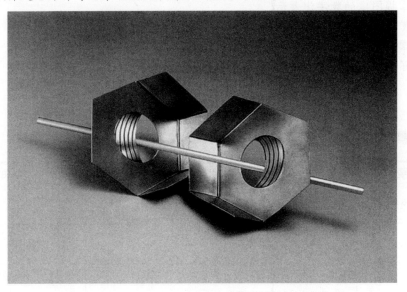

图 2.1　疯狂的螺帽

该作品是美国魔术师杰里·安德鲁斯创造的。事实上，两个螺帽是中空的，虽然它们看起来是凸面的，但两个螺帽并不互相垂直。一般情况下，螺帽上的光线应来自上方，但此时的螺帽被下方的光源照射，这使得人们的视觉出现了误判。

2.1　人眼视觉特性

2.1.1　人眼构造及工作原理

人眼是人的视觉系统中最重要的构成部分，其工作原理类似于数字照相机，完整的人眼结构以及工作原理如图 2.2 所示。人眼主要由瞳孔、晶状体、视细胞三大部分组成，瞳孔相当于照相机中光圈的作用，通过虹膜的收缩和扩张，瞳孔可以改变大小以控制进入的光量。晶状体相当于照相机中的透镜，通过调节晶状体的曲率以改变焦距，使不同距离的景物都可以成像，视细胞的作用相当于照相机中的光敏感器和光电转换器，负责将光信号转化为生物电信号，其中视细胞又分为锥状细胞和杆状细胞。这些感光细胞把接收到的色光信号传到神经节细胞，再由视神经传到大脑皮层枕叶视觉神经中枢，产生色感。

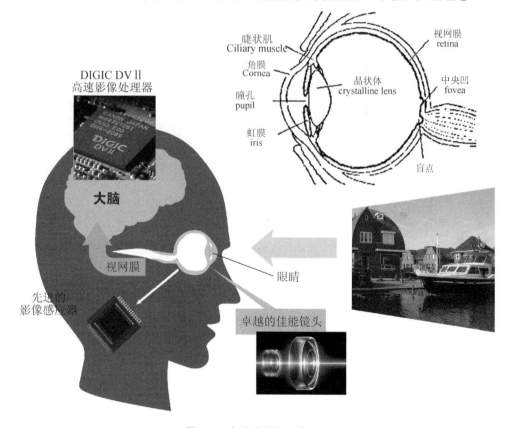

图 2.2　人眼结构与工作原理

 小知识

人眼的和数码相机类比

人能看到大千世界，缤纷万物，是靠我们有精密的智能成像系统——眼睛，图 2.3 将

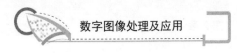

人眼和目前的数码相机比较。

眼角膜(cornea)：相当于对焦系统和镜头保护镜；

虹膜(iris)：相当于光圈；

瞳孔(pupil)：相当于镜头；

视网膜(retina)：相当于胶片或感光芯片。

参数方面：

人眼的焦距：相当于全副相机的 22～24mm 焦距；

精度：大约相当于 576 万像素；

ISO 感光度：在大晴天可以达到 1，低照明度下约 800，在明亮的环境下面，人眼的对比度范围可以达到 10 000∶1；

光圈值：最大光圈为 f/2.1～f/3.8，最小光圈为 f/8.3～f/11；

快门：最快快门大概在 1/200s 左右。

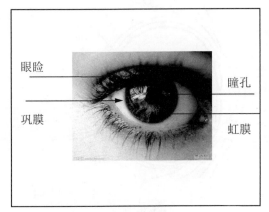

(a) 人眼   (b) 数码相机

图 2.3   人眼与数码相机

2.1.2 人眼视觉模型

虽然人眼的生理结构以及工作原理类似于光学成像系统的原理，但实际工作要比光学成像系统复杂得多，为了对人眼的视觉机理进行定量和定性的描述，人们用光学成像系统的某些原理来解释人眼的视觉特性，建立人眼视觉模型。

常用的人眼视觉模型是视觉系统的低通-对数-高通模型，如图 2.4 所示，主要分为以下 3 个阶段。

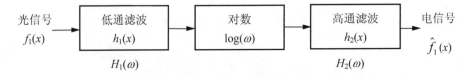

图 2.4   低通-对数-高通视觉模型

(1) 第一阶段为人眼接收光信号的过程。由于晶状体的光学像差，视觉系统的上限频率受到限制，使得视觉系统对高频变化不敏感，这一阶段相当于低通滤波过程。

(2) 第二阶段为视细胞响应光信号的过程。在这一过程中，主观亮度感觉和客观亮度之间为单调非线性对数关系。

(3) 第三阶段为视神经细胞的解析过程。由于视神经细胞的侧向抑制作用，该过程等效于一个高通滤波器。该高通滤波特性反映了侧抑制引起的马赫带效应(Mach Band Effect)。

马赫带效应是 1868 年由奥地利物理学家 E.马赫发现的一种明度对比现象，即是指人们在明暗交界处感到亮处更亮，暗处更暗的现象。它是一种主观的边缘对比效应。当观察两块亮度不同的区域时，边界处亮度对比加强，使轮廓表现得特别明显，如图 2.5 所示。马赫带效应的出现是人类的视觉系统造成的。生理学对马赫带效应的解释是：人类的视觉系统有增强边缘对比度的机制。

图 2.5　马赫带示意图

2.1.3　人眼的亮度视觉特性

图像处理主要是为了改善图像的视觉效果，使得处理后的图像能方便人们判读，所以了解人眼在观察时的亮度视觉特性是很有必要的。下面介绍几种重要的亮度视觉特性。

1. 对比度

图像的对比度是指亮度的最大值和最小值的比值，通常记为

$$C = \frac{L_{\max}}{L_{\min}} \tag{2-1}$$

有时还会采用相对对比度，记为

$$C_r = \frac{L - L_0}{L_0} \times 100\% \tag{2-2}$$

式中，L_0 为背景亮度；而 L 为物体亮度。

2. 视觉适应性

当人从明亮的环境突然进入到漆黑环境中时，必须要等待一段时间才能使眼睛适应周围的环境，这种适应大概需要十几秒到三十几秒的时间，这种从亮到暗的适应能力叫人眼的暗适应性。而当人再从暗环境突然进入到亮环境时，视觉可以马上恢复，这种适应性叫人眼的亮适应性。通常，亮适应性所需的时间要比暗适应性短。

人眼的这种对亮暗环境适应的滞后称为视觉惰性。这种视觉惰性使得人眼对亮度的感觉不会马上消失，而是滞后 0.05～0.1s 的时间。

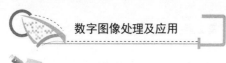
小知识

1825 年，帕里士博士发明了一个游戏：一块硬纸板，一面画着鸟笼，另一面画一只鸟。纸板的两侧各打两个孔，系上线绳。绕足了圈后，拉紧线绳，使纸板快速的转动，这时，人们能看到，小鸟进到笼子里去了。这个游戏后人称作帕里士西洋镜。这就是现代电影的始祖。受它的启迪，爱迪生在 1891 年制作了第一台动画镜。以每秒 48 个镜头的速度演放了 1440 张不同而又连贯且依次变化的照片，在这半分钟内人们看到的是完全活动的影像，现代电影由此产生了。帕里士西洋镜和爱迪生动画镜的奥秘就在于"视觉后像"的存在。所谓"视觉后像"指的是光刺激停止作用后，在短暂的时间内仍然会在头脑中留下印象。视觉后像保持的时间因人而异，感知各种不同的客观物体时也不尽相同，一般大约 1/30～1/50 秒。视觉后像的生理机制是什么呢？原来，光刺激作用停止以后，它引起的神经兴奋并不立即消失，而在大脑皮层留下一定的痕迹。因而视觉映像也并不立即消失，而要保留片刻，这就产生了视觉后像。(以上资料来自于华夏心理网)

3. 同时对比效应

当观察目标和背景时，会感到背景较暗的目标物较亮，而背景较亮的目标物则较暗，这就是同时对比效应，是由于人在高亮度背景下视觉敏感度下降导致。图 2.6 中，所有小正方形目标物具有相同的大小和亮度，但由于处于不同的亮度背景中，因此图像中心的矩形区域们从左到右看起来依次变暗。

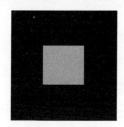

图 2.6　同时对比效应

4. 视觉错觉

所谓视觉错觉是指人眼填充了不存在的信息或是错误地感知了物体的集合特点。图2.7给出了 4 个视觉错觉的例子。

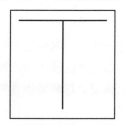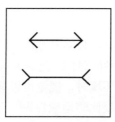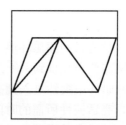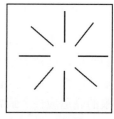

(a) 横线与竖线一样长　　(b) 中间横线一样长　　(c) 对角线一样长　　(d) 圆形错觉

图 2.7　视觉错觉示例

2.2　图像的表示

自然界的景象通常都为连续图像，而我们计算机只能处理数字图像，因此，从自然界获取的图像首先要经过数字化才能进行处理。这一过程包括了采样和量化两个步骤。

2.2.1　图像采样

对一幅连续图像 $f(x, y)$ 在二维空间上的离散化过程称为采样，离散化后的采样点称为像素。采样实际上就是在图像定义域(x-y 平面)上用有限的采样点代替连续无限的坐标值。采样点过多会增加存储的数据量，而过少则会丢失原图像的一部分信息，因此，合适的样点数应该满足既能够表达原始图像又能尽量少地占用存储空间。例如：尺寸为 128×128 的图像，表示这幅图像是由 128×128=16 384 个像素点组成。图像采样后表示为有限像素点构成的集合，图 2.8 给出不同采样间隔的模拟图像采样结果。

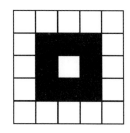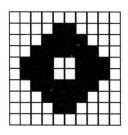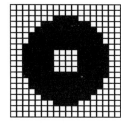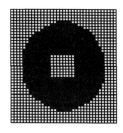

图 2.8　不同采样间隔的模拟图像采样

2.2.2　图像量化

图像经过采样之后的采样点的值(即像素值)处于连续无限多的范围，这不利于计算机处理，因此需要对其进行离散化。对图像采样点值的离散化过程称为图像量化。图像量化实质上是用有限个数值来表示连续无限多的灰度值。

常见的量化有标量量化和矢量量化两种。标量量化是对每个采样点值独立进行量化，通常有均匀量化和非均匀量化两种。而矢量量化则是将若干个采样点值联合起来作为矢量进行量化。

在工程应用中需要多少个量化值来代替连续的灰度值，通常要根据具体要求来实施。但无论采用多少个量化值，都不可避免地对图像造成失真。图 2.9 给出图像针对源图像 2.9(a)，采用均匀量化和不均匀量化对图像进行图像处理的结果。可见均匀量化中图像的质量变化比较一致，如图 2.9(b)所示，不均匀量化则在细节较多的区域变化较小，细节较少的区域变化较大，如图 2.9(c)所示。

  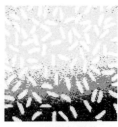

(a) 原始图像   (b) 均匀量化   (c) 非均匀量化

图 2.9 图像的均匀量化与不均匀量化

编程提示

```
I=(imread('rice.jpg'));
x1=grayslice(I,8);%均匀量化
x2=grayslice(I,255*[0 0.21 0.23 0.26 0.35 0.6 1]);%不均匀量化
```

2.2.3 图像数字化表示

数字图像可近似看作是一个数值矩阵。假设 $x \in [0, M-1]$，$y \in [0, N-1]$，则一幅图像 $f(x, y)$ 可以表示为一个如公式(2-3)的 $M \times N$ 的二维数字矩阵。

$$\left[f(x,y) \right] = \begin{bmatrix} f(0,0) & f(0,1) & \cdots & f(0,N-1) \\ f(1,0) & f(1,1) & \cdots & f(1,N-1) \\ \vdots & \vdots & \vdots & \vdots \\ f(M-1,0) & f(M-1,1) & \cdots & f(M-1,N-1) \end{bmatrix} \tag{2-3}$$

式中，矩阵中任意一个值 $f(x, y)$ 都对应一个图像单元，称为像素(Pixel)，且 $f(x, y) \in [0, L-1]$，L 称为图像的灰度级，一般取 2 的整次幂，即

$$L = 2^k \tag{2-4}$$

式中 k 为正整数。

由于图像可以用多个灰度级来表达，因此有以下一些情况。

(1) 当 $k=1$ 时，图像灰度级为 $L=2$，像素值 $f(x, y) \in \{0,1\}$，表示任意一个像素点的值都可能取 0 或 1。此时的图像称为二值图像，也叫黑白图像，如图 2.10 所示，其中 0 代表黑色，1 代表白色。

图 2.10 二值图像及其像素矩阵

(2) 当 $k=4$ 时，图像的灰度级为 $L=16$，像素值 $f(x, y) \in \{0, 1, 2, \cdots, 15\}$，表示任意一个像素点的值都可能取 0 到 15 的值。

(3) 当 $k=8$ 时，图像的灰度级为 $L=256$，像素值 $f(x, y) \in \{0, 1, 2, \cdots, 255\}$，表示任意一

个像素点的值都可能取 0 到 255 的值。图 2.11 给出了一幅 3×3 灰度图像及其像素矩阵。

0	180	222
190	76	90
210	251	50

图 2.11　256 级灰度图像及其像素矩阵

为了更清晰地展示数字图像的灰度变化，图 2.12 给出了一幅 512×512 的 256 级灰度图像以及该图像的一个子窗口的像素值矩阵。

图 2.12　256 级灰度图像子窗口及其像素值矩阵

通常，数字图像的存储会随着其灰度级的增大而增大，根据公式(2-3)和(2-4)所示，存储一幅尺寸为 $M×N$ 的数字图像所需的比特数为

$$b = M \times N \times k \tag{2-5}$$

对于黑白图像，一个像素点仅为 1 比特，则一个字节可存储 8 个像素点；而对于灰度级为 256 的数字图像，一个像素点由 8 个比特构成，此时一个字节只能存储 1 个像素点。例如，一幅 400×200 的 256 级灰度图像，在计算机上就需要 80KB 的存储空间。

2.2.4　数字图像特点

相比于其他数字信号，数字图像具有如下典型特点。

(1) 存储量大。根据公式(2-5)，数字图像的存储空间随着其灰度级的增大而增大，一幅小的图像就需要很大的计算机存储空间。

(2) 像素之间相关性大。一幅图像内各相邻像素间具有相同或相近的灰度值，这种关系称为像素相关性。任何数字图像之间都存在像素相关性，这说明图像中存在较大的数据冗余，这也为数字图像的压缩提供了理论支撑。

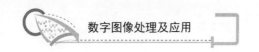

2.3　图像的分辨率

区分数字图像中目标物细节的程度称为图像分辨率。图像分辨率包括空间分辨率和灰度分辨率两部分，它们分别由采样点数和灰度级来控制。

1. 空间分辨率

空间分辨率主要由采样点数 $M×N$ 来决定，也即形成数字图像之后的图像尺寸。

小知识

空间分辨率反映了图像数字化时对图像像素划分的密度，是图像中可分辨的最小细节，它主要由采样间隔决定。常见的衡量空间分辨率的定义有两种，一种是线对/毫米，即单位距离内可分辨的黑白线的对数，例如，每毫米 60 线对。另一种是像素/英寸(ppi)，即单位长度内包含的像素点的数量，如 72ppi。苹果公司生产的 iPhone4 手机的屏幕像素密度达到了 326ppi，因此显示异常清晰。

当灰度级 L 一定时，采样点数越多，图像的空间分辨率就越高，图像就越清晰。随着 $M×N$ 的减少，图像也会逐渐呈现块效应。图 2.13 展示了不同采样点数时的图像分辨率。为了方便处理，此处选取 $M=N$。

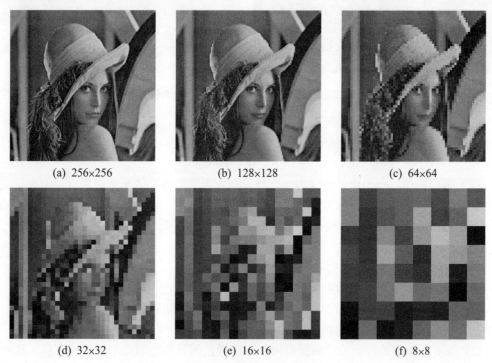

图 2.13　空间分辨率变化对图像的影响

2. 灰度分辨率

图像的灰度分辨率由灰度级决定。当采样点数一定时，灰度级越多，图像的灰度分辨率也越高，图像就越清晰。随着灰度级 L 的减少，图像中会逐渐出现虚假轮廓。图 2.14 展示了不同灰度级的图像分辨率。

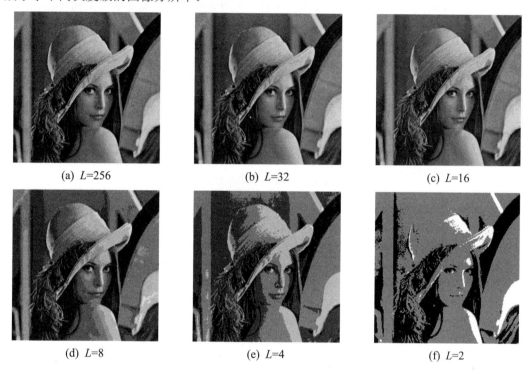

(a) $L=256$　　　　　　(b) $L=32$　　　　　　(c) $L=16$

(d) $L=8$　　　　　　(e) $L=4$　　　　　　(f) $L=2$

图 2.14　灰度分辨率变化对图像的影响

2.4　图像的像素关系

2.4.1　图像的相邻像素

图像的相邻像素分为以下 3 种。

(1) 水平垂直四邻域。

假设处于坐标系中的图像的某一个像素点 p_0 位置为 (x, y)，则 p_0 在水平和垂直方向的相邻像素有 4 个，其坐标分别为 $(x-1, y)$，$(x, y-1)$，$(x+1, y)$，$(x, y+1)$。由这 4 个像素构成的集合称为像素 p_0 的水平垂直四邻域。图 2.15(a) 给出了像素水平垂直四邻域集合的示意图，图 2.15(a) 中 $\{p_1, p_2, p_3, p_4\}$ 即为 p_0 水平垂直四邻域。

(2) 对角四邻域。

设处于坐标系中的图像的某一个像素点 p_0 位置为 (x, y)，则 p_0 在正副对角线方向的相邻像素也有 4 个，其坐标分别为 $(x-1, y-1)$，$(x-1, y+1)$，$(x+1, y-1)$，$(x+1, y+1)$。由这 4 个像素构成的集合称为像素 p_0 的对角四邻域。图 2.15(b) 给出了像素对角四邻域集合的示意图，图 2.15(b)中 $\{p_5, p_6, p_7, p_8\}$ 即为 p_0 对角四邻域。

(3) 八邻域。

像素点 p_0 的水平垂直四邻域和对角四邻域组合构成的集合称为 p_0 的八邻域，如图 2.15(c)所示，$\{p_1, p_2, p_3, p_4, p_5, p_6, p_7, p_8\}$ 即为 p_0 八邻域。特殊情况下，若像素点 p_0 位于边界上，则其一部分邻域像素处于图像的外部。在图像处理中，若像素处于图像边界，通常的做法是对图像进行外扩，使其满足邻域像素条件。

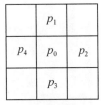
(a) 水平垂直四邻域

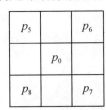
(b) 对角四邻域

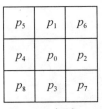
(c) 八邻域

图 2.15　相邻像素示意图

2.4.2　像素的距离度量

对于坐标系中坐标分别为 (x, y)，(s, t) 和 (u, v) 的像素 p，q，r 来说，如果存在以下 3 点，

① $D(p, q) \geq 0$(当且仅当 $p = q$ 时，$D(p, q) = 0$，此时 p 和 q 为同一像素)。

② $D(p, q) = D(q, p)$。

③ $D(p, r) \leq D(p, q) + D(q, r)$。

则 D 称为像素间的距离度量函数。

像素 p、q、r 间的距离度量有以下几种方式：

(1) 欧氏距离(Euclidean Distance)。定义为

$$D_e(p, q) = \left[(x - s)^2 + (y - t)^2 \right]^{1/2} \tag{2-6}$$

根据公式(2-6)，所有距像素点 p 的欧氏距离小于等于 D_e 的像素都处于一个圆平面中，该圆平面以像素 p 的坐标 (x, y) 为圆心，D_e 为半径。图 2.16(a)是欧氏距离的一个等距离轮廓示意图。

(2) 城市街区距离(City-block Distance)。定义为

$$D_4(p, q) = |x - s| + |y - t| \tag{2-7}$$

根据公式(2-7)，所有距像素点 p 的城市街区距离小于等于 D_4 的像素都处于一个菱形平面中，该菱形平面以像素 p 的坐标 (x, y) 为中心点。例如，对于像素点 p 来说，$D_4 = 1$ 像素就是像素 p 的四邻域。图 2.16(b)是 D_4 距离小于等于 2 时的像素构成的等距离轮廓。

(3) 棋盘距离(Chessboard Distance)。定义为

$$D_8(p, q) = \max(|x - s|, |y - t|) \tag{2-8}$$

根据公式(2-8)，所有距像素点 p 的棋盘距离小于等于 D_8 的像素都处于一个正方形平面中，该正方形平面以像素 p 的坐标 (x, y) 为中心点。例如，对于像素点 p 来说，$D_8 = 1$ 像素就是像素 p 的八邻域。图 2.16(c)是 D_8 距离小于等于 2 时的像素构成的等距离轮廓。

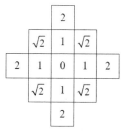

(a) 欧氏距离　　　　　　　　(b) 街区距离示意图　　　　　　(c) 棋盘距离示意图

图 2.16　等距离轮廓示意图

2.5　图像的显示

图像显示是将数字图像在数字显示屏幕上还原为可见图像的过程。由于图像显示主要是给人带来良好视觉感应效果，因此不同的图像格式对改善图像显示具有重要作用。下面主要介绍两种常见的图像显示格式。

2.5.1　位图显示

位图显示也叫栅格显示，是在显示屏上由许多像素构成的一个像素阵列。位图图像由像素构成，每个像素被分配一个特定位置和颜色值。在进行图像处理时，编辑的对象是每一个像素点，而不是通常所说的对象或形状。

位图是采用位映像方法显示和存储的，这种方法通常是通过扫描来实现的。显示器的电子枪从左到右，从上到下对屏幕进行扫描着色，当扫描频率达到一定水平时，由于人的视觉惰性就会感觉屏幕上出现一幅完整图像，这种图像是由一个个像素组成，因此称为位图。图 2.17 给出一幅原始位图和其放大后的显示效果。

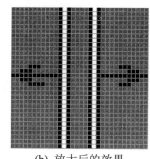

(a) 原始图像　　　　(b) 放大后的效果

图 2.17　原始位图和其放大后的显示效果

小知识

相信大家对于色盲检查图并不陌生，很多人在上学期间的体检，就业健康证办理时的体检，还有考驾照的体检中都要检查这一项，这是判断体检人是否有色盲色弱问题的常见检查方法。在红绿色盲体检时，工作人员会给你一个本子，在这个本子上有一些图像，而图像都是由一个个的点组成的，这就是位图图像，如图 2.18 所示。(资料来源于百度百科)

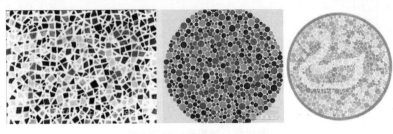

图 2.18　色盲检查示例图像

2.5.2　调色板显示

普通彩色图像中，一个像素需要 24 比特构成，R、G、B 各占 8 个比特，可能的颜色数就有 2^{24} 种。但实际应用中并不需要这么多颜色数，为了便于网络传输，通常使用较少的颜色种类来表现可以接受的彩色视觉效果，为每一种出现的颜色分配一个索引值，每一个像素则对应一个索引值，这就是调色板显示。

调色板图像一般由两部分组成，前一部分是调色板，后一部分是图像内容。调色板为图像中出现的所有颜色分别定义一个索引值，而图像内容则给出了每一个像素对应的颜色索引值。图 2.19 分别给出了 256 色、8 色和 2 色的调色板图像，表 2-1 列出了 8 色调色板图像的颜色索引，而公式(2-9)给出了图 2.19(b)的图像内容的前 6 行×前 6 列，矩阵中每一元素的值即为对应像素的颜色索引，例如，矩阵中第 1 行的 2、3、4、5、6 像素值都为 2，则其对应的颜色值都为(182, 0, 180)。

(a) 256 色索引　　　　　　　　(b) 8 色索引　　　　　　　　(c) 2 色索引

图 2.19　不同索引值的调色板图像

$$G = \begin{bmatrix} 0 & 2 & 2 & 2 & 2 & 2 \\ 0 & 6 & 6 & 6 & 6 & 7 \\ 0 & 6 & 5 & 6 & 5 & 6 \\ 6 & 6 & 6 & 6 & 6 & 5 \\ 0 & 6 & 5 & 6 & 6 & 6 \\ 0 & 6 & 6 & 6 & 5 & 6 \end{bmatrix} \tag{2-9}$$

表2-1　8色调色板图像的索引颜色及其对应的真实颜色值

颜色索引	真实颜色值		
	R	G	B
0	87	18	13
1	122	161	77
2	182	0	180
3	174	201	153
4	86	0	181
5	177	182	80
6	182	56	43
7	107	91	46

2.5.3　图像文件格式

计算机中的图像是以文件的形式存储的，目前流行的图像文件有 BMP、JPEG 和 GIF 等格式，本节对这 3 种文件格式进行简单介绍。

1. BMP 格式

BMP(Bitmap)文件是一种 Windows 操作系统采用的点阵式的图像文件格式，在 Windows 系统下运行的所有图像处理软件都支持这种格式。BMP 文件主要由位图文件头、位图信息头、位图调色板和位图数据 4 部分组成，其结构见表 2-2。

表2-2　BMP 位图文件组成

位图文件组成部分	各部分作用和用途
位图文件头	说明文件的类型和位图数据的起始位置，共 14 个字节
位图信息头	说明位图文件的大小以及高度和宽度，位图的颜色格式以及压缩信息等，共 40 个字节
位图调色板	由位图的颜色格式决定的调色板，调色板中的一个元素是一个 RGBQUAD 结构，占 4 个字节
位图数据	调色板中的压缩格式确定了数据阵列中是压缩数据还是非压缩数据

虽然大部分 BMP 文件是不压缩的形式，但它本身还是支持图像压缩的，比如行程编码和 LZW(Lempel-Ziv-Welch)压缩等。另外，BMP 文件规定每行像素字节数必须是 4 的倍数，否则在像素数据后加若干 0，凑足 4 的倍数。

2. JPEG 格式

JPEG(Joint Photographic Experts Group，联合图像专家组)图像是一种压缩格式的图像，文件扩展名为 jpg 或 jpeg。JPEG 图像采用有损压缩算法进行压缩，在损失了原始图像中不易为人眼觉察部分的情况下，获得较小的文件，从而减少存储的空间和节省传输的时间。JPEG 图像压缩的主要是高频信息，对色彩的信息保留较好，适用于互联网，同时支持 24 位真彩色。

JPEG 标准一般分为 3 部分：编码器、译码器和交换格式。其中编码器主要是将原始图像的编码压缩为压缩数据，而译码器是将压缩的图像数据还原成原始图像，交换格式则决定了图像压缩数据采用的码表。

JPEG 文件格式主要使用 JPEG 标准为应用程序定义的多个标记，每个标记由两个字节组成，其中前一个字节是固定值 0xFF，每个标记之前还可以添加数目不限的 0xFF 填充字节。表 2-3 给出了其中的 8 个标记。

表 2-3　JPEG 图像文件的 8 个标记

标　记	标 记 代 码	说　　明
SOI	0xD8	图像开始
APP0	0xE0	JFIF 应用数据块
APPn	0xE1-0xEF	其他应用数据块(n,1-15)
DQT	0xDB	量化表
SOF0	0xC0	帧开始
DHT	0xC4	霍夫曼(Huffman)表
SOS	0xDA	扫描线开始
EOI	0xD9	图像结束

3. GIF 格式

GIF(Graphics Interchange Format，图形交换格式)是 CompuServe 公司在 1987 年开发的图像文件格式，目的是在不同的系统平台上交流和传输的图像。

GIF 格式图像经常用在 Web 和其他联机服务上，用于超文本标记语言(HTML)文档中的索引颜色图像，文件最大不超过 64MB，颜色最多 256 色。GIF 图像文件采取 LZW 压缩算法，压缩率一般在 50%左右，存储效率高。

GIF 主要是为数据流而设计的一种传输格式，具有顺序的组织形式，该格式主要由 5 个部分组成：文件标志块、逻辑屏幕描述块、全局色彩表块、各图像数据块以及尾块，如表 2-4 所示。所有部分均由一个或多个块组成，每个块第一个字节中存放标识码或特征码标识。

表 2-4　GIF 图像文件格式

文件标识块	Hearder	识别标识符"GIF"和版本号
逻辑屏幕描述块	Logical Screen Descriptor	定义了图像平面的大小、纵横尺寸、颜色深度以及是否存在全局色彩表
全局色彩表	Global Color Table	色彩表的大小由该图像使用的颜色数决定，若表示颜色的二进制数为 111，则颜色数为 2^{7+1}

续表

文件标识块	Hearder	识别标识符 "GIF" 和版本号	
图像数据块	Image Descriptor	图像描述块	可重复 *n* 个
	Local Color Table	局部色彩表(可重复 *n* 次)	
	Table Based Image Data	压缩图像数据	
	Graphic Control Extension	图像控制扩展块	
	Plain Text Extension	无格式文本扩展块	
	Comment Extension	注释扩展块	
	Application Extension	应用程序扩展块	
尾块	GIF Trailer	值为 3B(十六进制数),表示数据流已结束	

编程提示:MATLAB 语言支持的几种图像格式

(1) JPEG(Joint Photographic Experts Group)。

(2) BMP(Windows Bitmap):有 1 位、4 位、8 位、24 位非压缩图像。

(3) PCX(Windows Paintbrush):可处理 1 位、4 位、8 位、16 位、24 位等图像数据。

(4) TIFF(Tagged Image File Format):处理 1 位、4 位、8 位、24 位非压缩图像,1 位、4 位、8 位、24 位 packbit 压缩图像。

(5) PNG(Portable Network Graphics):包括 1 位、2 位、4 位、8 位和 16 位灰度图像,8 位和 16 位索引图像,24 位和 48 位真彩色图像。

(6) GIF(Graphics Interchange Format):任何 1 位到 8 位的可交换的图像。

(7) HDF(Hierarchial Data Format):有 8 位、24 位光栅图像数据集。

(8) ICO(Windows Icon resource):有 1 位、4 位、8 位非压缩图像。

(9) CUR(Windows Cursor resource):有 1 位、4 位、8 位非压缩图像。

(10) XWD(X Windows Dump):包括 1 位、8 位 ZPixmaps,XYBitmaps,XYPixmaps。

(11) RAS(Sun Raster image):有 1 位 Bitmap、8 位索引、24 位真彩色和带有透明度的 32 位真彩色。

(12) PBM(Portable Bitmap)。

(13) PGM(Portable Graymap)。

(14) PPM(Portable Pixmap)。

习　题

一、概念理解

1. 同时对比效应　　2. 图像采样

3. 空间分辨率　　　4. 灰度分辨率

5. 欧氏距离　　　　6. 街区距离

7. 棋盘距离　　　　8. 位图

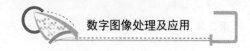

二、简答题

1. 解释什么是马赫带效应。

2. 视觉错觉对图像处理有什么意义？

3. 灰度数字图像有什么特点？

4. 一幅300×400的二值图像、16灰度级图像、256灰度级图像分别需要多大存储空间？

第**3**章

彩色图像处理

近年来，随着彩色传感器和用于处理彩色图像的软硬件变得越来越普遍，彩色图像的应用范围也越来越广泛，包括图书出版、可视化以及互联网都以彩色图像作为展示基础。彩色图像处理主要分为全彩色处理和伪彩色处理，对图像质量要求较高的属于全彩色处理，通常需要专用的全彩色图像传感器来获取，对特定的单色或是灰度范围赋予一种颜色的处理属于伪彩色处理。常见的彩色图像处理都是在伪彩色层面进行。

教 学 目 标

- 了解彩色的显示基础;
- 了解不同的彩色模型;
- 掌握全彩色图像处理和伪彩色图像处理;
- 掌握彩色图像的平滑、锐化和分割。

教 学 要 求

知 识 要 点	能 力 要 求	相 关 知 识
彩色基础	(1) 了解色彩的三原色 (2) 了解颜色的 3 种特性	三原色
彩色模型	(1) 了解常用的 3 种彩色模型及应用范围 (2) 掌握 3 种彩色模型之间的转换原理	RGB 模型，CMYK 模型，HSI 模型
伪彩色和全彩色处理	(1) 掌握伪彩色图像处理方法 (2) 了解全彩色图像处理方法	伪彩色，全彩色
彩色图像的平滑、锐化	掌握彩色图像的平滑、锐化基本方法	平滑，锐化
彩色图像的分割	(1) 掌握 HSI 空间分割方法 (2) 掌握 RGB 空间分割方法	HIS，RGB

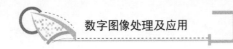

 **推荐阅读资料**

[1] 王萍，程号，罗颖昕. 基于色调不变的彩色图像增强[J]. 中国图象图形学报，2007，12(7)：1173-1177.

[2] 于烨，陆建华，郑君里. 一种新的彩色图像边缘检测算法[J]. 清华大学学报：自然科学版，2005，45(10):1339-1343.

[3] 韩晓微. 彩色图像处理关键技术研究[D]. 东北大学博士研究生论文，2005.

[4] 姚晨. 彩色化和色彩转移图像处理关键技术研究[D]. 上海交通大学博士研究生论文，2012.

[5] [美]R. C. 冈萨雷斯，等. 数字图像处理[M]. 阮秋琦，等译. 3 版. 北京：电子工业出版社，2011.

 基本概念

彩色模型(Color Model)：彩色模型也称为彩色空间，或者彩色系统，是一种使用一组颜色成分来表示颜色方法的抽象数学模型。彩色模型的用途是在某些标准下用通常可接受的方式简化彩色的规范。建立彩色模型可看作 3D 的坐标系统，位于系统中的每种颜色都可以由单个点来表示。

伪彩色处理(Pseudo Color Image Processing)：针对灰度图像，基于一定指定规则对灰度值赋以颜色的处理。

全彩色处理(Full Color Image Processing)：又称为真彩色图像处理，图像中每一个像素都分为 R、G、B 3 个基色分量，分别对每个基色分量直接处理或将 3 个分量整体处理的方法。

引例

保障安全的安检仪器

当我们进入火车站或机场的时候，我们携带的包裹和行李总是被要求放入一台机器里过一遍，这个机器就是安检机，也称 X 光机，其工作原理就是通过 X 光扫描并成像，以分辨包裹内是否存有违禁物品，如图 3.1 所示。

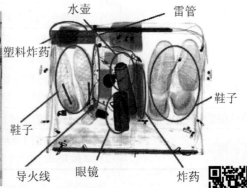

图 3.1　安检机展示的包裹图像(图片来源网络)

安检机的工作原理正是利用了图像灰度级到彩色的变换的伪彩色增强技术。违禁物、鞋子和眼镜分别对应一定的灰度范围，通过变换映射，得到不同的彩色赋值，最终呈现深浅不一的颜色。

3.1 彩色基础知识

3.1.1 光谱与图像色彩

1666 年，英国科学家艾萨克·牛顿发现了一种有趣的现象，当一束太阳光穿过玻璃棱镜时，输出的光线是由一端为紫色，另一端为红色的一条光谱带构成，如图 3.2 所示。这条光谱带依次由紫、蓝、绿、黄、橙、红 6 种颜色构成，并且 6 种颜色不是严格区分，而是渐进变化。这一实验证实了白光是所有可见光的组合。

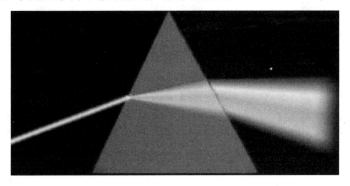

图 3.2 白光通过三棱镜看到的光谱带

人类和动物感知物体的颜色是由物体的反射光的性质决定的。人眼中的锥状细胞是负责彩色视觉的传感器，分别负责感知红色、绿色和蓝色。大约有 65%的锥状细胞对红光敏感，33%锥状细胞对绿光敏感，而只有 2%的锥状细胞对蓝光敏感，因此根据这些吸收特性，人眼的所看到的颜色基本上是由所谓的红(Red)、绿(Green)、蓝(Blue)这 3 种原色组成。

 小知识

色盲眼中的世界

色盲是一种独特的视觉现象，表现为不能分辨某些颜色，而分辨不够清楚的称为色弱。由于眼睛存在 3 种能辨色的锥状细胞，这 3 种细胞分别能吸收不同波长范围的光。分别是蓝、绿、红。当锥状细胞受损或发育不全时，就可能造成色盲。图 3.3 是色盲患者眼中的正常图像。

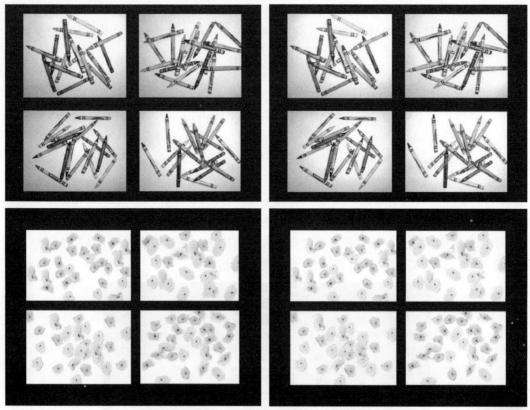

图 3.3　色盲眼中的图像(左边为正常图像，右边为患者眼中的图像)

3.1.2　三原色与颜色特性

利用已有的三原色，将其相加可以产生二次色。例如，红色和蓝色相加可以产生深红色，而绿色和蓝色相加可以产生青色，红色和绿色相加又可以产生黄色等。把二次色相对应的原色混合，或者把三原色在一定亮度条件下混合，都可以产生白光。图 3.4(a)展示了光的三原色以及它们相互混合产生的二次色。此处需要注意的是，光的原色与颜料的原色之间有很重要的区别，颜料的原色与光的原色相反，它是减去或吸收光的一种原色后反射出另外两种原色产生的，因此，颜料的原色也是 3 种：青色、品红色和黄色，而颜料的二次色则分别为：红色、绿色和蓝色。图 3.4(b)展示了颜料的三原色以及他们相互混合产生的二次色。

用于区别不同颜色特性的 3 种因素是亮度、色调和饱和度。亮度是光作用于人眼时引起的明亮程度的感觉，表达了无色的强度概念。色调则是混合的光波中占比重最大的那种光的颜色，一般用来表达观察者感知的主要颜色。饱和度由色调所对应的光在混合光中的比重决定，是指相对的纯净度。

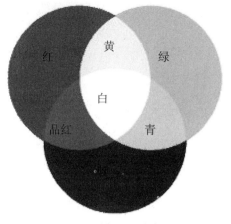

(a) 三原色及二次色

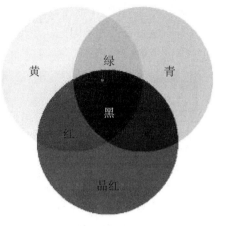

(b) 颜料的原色以及二次色

图 3.4　光和颜料的原色以及二次色

几点说明

关于亮度、色调、饱和度的一些解释

(1) 一般情况下，彩色光所包含的能量越大则显得越亮，反之则越暗。

(2) 当我们说一个物体的颜色是红色、黄色或者是青色的时候，这指的就是它的色调。

(3) 饱和度也可以理解为纯色光被白光冲淡的程度，白光越多，则饱和度越低。

(4) 通常人们将色调和饱和度统称为色度。

由于色度包含了色调和饱和度，因此颜色可以用亮度和色度两个因素来表达。形成任何特殊彩色的红、绿、蓝的数量成为三色值，分别用 X、Y 和 Z 表示。通过三色值可以定义任何一种颜色。

$$x = \frac{X}{X+Y+Z} \tag{3-1}$$

$$y = \frac{Y}{X+Y+Z} \tag{3-2}$$

$$z = \frac{Z}{X+Y+Z} \tag{3-3}$$

根据以上 3 个公式，可得

$$x + y + z = 1 \tag{3-4}$$

确定颜色的另一种方法是使用 CIE 色度图。图 3.5 给出了全彩色的色度图。图中以代表红色的 x 和代表绿色的 y 为坐标轴，借助于归一化的 3 个色系数来表示任意颜色的组成。

$$x \Leftrightarrow X \tag{3-5}$$

$$y \Leftrightarrow Y \tag{3-6}$$

$$z = 1 - (x+y) \tag{3-7}$$

连接色度图中任意两点的直线段定义了所有不同颜色的变化，任何颜色都可以由这两种颜色的加性组合得到，因此，色度图对于色彩混合非常有用，并被广泛应用于高质量的彩色打印设备中。

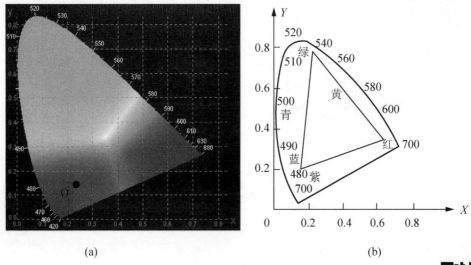

(a)　　　　　　　　　　　　　　　　(b)

图 3.5　CIE 色度图

 几点说明

关于色度图的一些解释

(1) 色度图中每一点都对应一种颜色。

(2) 边界上的点代表纯颜色，**O** 点被称为等能量点，此处纯度为零。

(3) 连接任意两个端点的直线上的各点表示将这两端点所代表的颜色相加可组成一种颜色。

(4) 三角形包含由 3 个顶点可组成的彩色。

 百度百科

(1) CIE(国际照明委员会)：原文为 Commission Internationale de L'Eclairage(法)或 International Commission on Illumination(英)，该委员会创建的目的是要建立一套界定和测量色彩的技术标准。

(2) 在实际应用中，如彩色电视、彩色摄影(乳胶处理)或其他颜色复现系统都需要选择适当的红(R)、绿(G)、蓝(B)三原色，用来复现白色和各种颜色，所选定的(R)、(G)、(B)在色度图上的位置形成一个三角形。应使(R)、(G)、(B)三角形尽量能包括较大面积，同时(R)、(G)、(B)线应尽量靠近光谱轨迹，以复现比较饱和的红、绿、蓝等颜色。

3.2　彩　色　模　型

彩色模型(也叫彩色空间或是彩色系统)的目的是在一定标准下用通常可以接受的方式方便地对彩色加以说明。从本质上说，彩色模型是一个坐标系统，在该系统下的一个子空间中，每种颜色都对应其中一个点。

彩色模型的设计通常是为了便于硬件实现或便于对颜色进行控制。实际应用中，最常见的模型有以下 3 种。

(1) RGB 模型。也叫红、绿、蓝模型，广泛应用于彩色显示器、高质量彩色摄像机中。

(2) CMY 和 CMYK 模型。CMY 模型也叫青、品红、黄模型，而 CMYK 模型又称青、品红、黄、黑模型，这两种模型具有相通性，主要针对彩色打印机设备。

(3) HSI 模型。又称亮度、色调、饱和度模型，这种模型与人描述和解释颜色的方式最接近，方便人为指定颜色，同时，该模型将颜色和灰度信息分开，便于人们应用灰度图像处理技术来处理彩色图像。

3.2.1　RGB 彩色模型

RGB 模型是基于笛卡儿坐标系来表达的，每种颜色出现在红、绿、蓝的原色光谱分量中。图 3.6(a)显示了 RGB 彩色立方体的示意图，R、G、B 的所有值都处于[0,1]范围内，其中坐标原点为黑色，离坐标原点最远的点为白色，红、绿、蓝分别出现在坐标轴上。不同颜色是位于立方体上或内部的点，同时由原点到该点延伸的向量来表示。

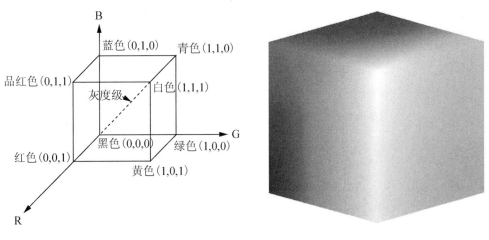

(a) RGB彩色立方体示意图　　　　　　　　(b) RGB全彩色立方体

图 3.6　RGB 彩色模型

用 RGB 彩色模型表示的图像包含 3 个图像分量，它们分别对应红、绿、蓝三原色。

当 3 个图像分量送入 RGB 监视器中时，这 3 幅图像在荧光屏上混合产生一幅合成的彩色图像。在每一种原色中，用于表示每个像素的比特数称为像素深度。假如在 RGB 模型中，红、绿、蓝 3 幅图像分量中每一幅图像都用 8 比特来表示，那么一个 RGB 彩色像素就有 24 比特的深度，此时的颜色总数为 $(2^8)^3$=16 777 216。通常，我们也将 24 比特的 RGB 彩色图像称为全彩色图像或真彩色图像。图 3.6(b)显示了 24 比特全彩色立方体。

3.2.2 CMY 和 CMYK 彩色模型

我们在前一节讲到，颜料的三原色是青色(Cyan)、品红(Magenta)和黄色(Yellow)，这是因为青色颜料主要吸收红光，品红颜料主要吸收绿光，而黄色颜料主要吸收蓝光，这样，当白光照射到青色颜料上时，红光被吸收，返回绿光和蓝光，最终呈现青色。

由青色、品红和黄色组成的模型就叫 CMY 彩色模型，如图 3.7 所示。该模型广泛应用在彩色打印机和复印机中。彩色打印设备中经常需要在内部进行 RGB 到 CMY 的转换，这种转换可以简化为以下简单操作。

$$\begin{bmatrix} C \\ M \\ Y \end{bmatrix} = \begin{bmatrix} 1 \\ 1 \\ 1 \end{bmatrix} - \begin{bmatrix} R \\ G \\ B \end{bmatrix} \qquad (3\text{-}8)$$

式(3-8)中假设所有彩色值都归一化到[0,1]区间。由于这种彩色模型主要应用于硬拷贝输出，因此从 CMY 转换到 RGB 的反向操作通常不使用。

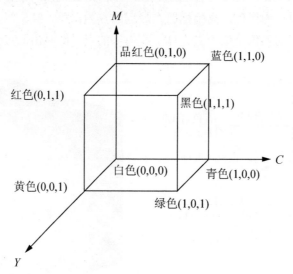

图 3.7 CMY 彩色模型

根据三原色混合原理，等量的青色、品红和黄色可以产生黑色，但在实际打印效果中，这种混合产生的黑色并不纯正，另外由于价格因素，产生黑色会耗费大量成本，于是人们在打印设备中添加了第 4 种颜色——黑色，组成了 CMYK 彩色模型。

百度百科

　　CMYK 也称作印刷色彩模式，顾名思义就是用来印刷的。它和 RGB 相比有一个很大的不同：RGB 模式是一种发光的色彩模式，你在一间黑暗的房间内仍然可以看见屏幕上的内容；CMYK 是一种依靠反光的色彩模式，我们是怎样阅读报纸的内容呢？是由阳光或灯光照射到报纸上，再反射到我们的眼中，才看到内容。它需要有外界光源，如果你在黑暗房间内是无法阅读报纸的。只要在屏幕上显示的图像，就是 RGB 模式表现的。只要是在印刷品上看到的图像，就是 CMYK 模式表现的。例如期刊、杂志、报纸、宣传画等，都是印刷出来的，那么就是 CMYK 模式的了。

3.2.3　HSI 彩色模型

　　RGB 彩色模型和 CMY 彩色模型适合颜色的生成和显示，但不适合人为指定颜色，而由色调(Hue)、饱和度(Saturation)、强度(Intensity)构成的 HSI 彩色模型则与人眼对颜色的描述很相似。其中色调描述一种纯色的颜色属性，如纯黄色、纯红色等；饱和度则是对纯色被白光稀释程度的一种度量；而强度，又称亮度，则是一种主观的度量，是描述彩色感觉的关键因素之一。由于 HSI 模型描述的彩色对人来说直观且自然，因此该模型被认为是开发彩色图像处理算法的理想工具。图 3.8 给出了 HSI 模型的示意图。

　　图 3.8 中，下圆锥的顶点为黑点，上圆锥的顶点为白点，连接黑点和白点的双圆锥体的轴线为亮度轴，用于表示亮度分量 I。黑点的亮度为 0，白点的亮度为 1，任何位于区间[0,1]内的亮度值都可以由亮度轴上相应给出。亮度轴表示的只是亮度信息，不包含彩色信息。垂直于亮度轴的平面即圆锥横切面表示圆形色环，描述了 HSI 的色调和饱和度。色环上任一点的色调 H 由指向该点的矢量和 R 轴的夹角表示。而该点的饱和度 S 与该点矢量的长度成正比。

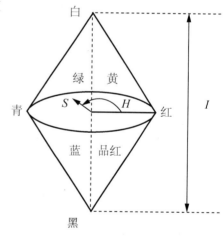

图 3.8　HSI 彩色模型

　　RGB 模型适合于图像的颜色生成，但在颜色描述上不如 HSI 模型，在进行颜色描述时，通常需要将 RGB 模型转换到 HSI 模型。给定一幅 RGB 图像，每一个像素的色调 H 分量可由式(3-9)得到。

$$H = \begin{cases} \theta, & B \leqslant G \\ 360 - \theta, & B > G \end{cases} \tag{3-9}$$

其中

$$\theta = \arccos\left\{ \frac{\frac{1}{2}\left[(R-G)+(R-B)\right]}{\left[(R-G)^2+(R-B)(G-B)\right]^{1/2}} \right\} \tag{3-10}$$

饱和度 S 分量可以由式(3-11)计算。

$$S = 1 - \frac{3}{(R+G+B)}\Big[\min(R,G,B)\Big] \tag{3-11}$$

而强度分量则由式(3-12)给出。

$$I = \frac{1}{3}(R+G+B) \tag{3-12}$$

实例

图 3.9 显示了将 Lena 图像由 RGB 模型转化为 HSI 模型，图 3.10 则给出了 Lena 图像的 HSI 模型中的 3 个分量。

(a) RGB 模型

(b) HSI 模型

图 3.9　Lena 图像的 RGB 模型和 HSI 模型

(a) HSI 图像

(b) H 分量

图 3.10　Lena 图像 HSI 模型中的 3 个分量

(c) S 分量　　　　　　　　　　　　　　　(d) I 分量

图 3.10　Lena 图像 HSI 模型中的 3 个分量(续)

同理，从 HSI 模型也可以转换到 RGB 模型，当 H 值在 RG 区间($0° \leqslant H < 120°$)时，有

$$B = I(1 - S) \tag{3-13}$$

$$R = I\left[1 + \frac{S\cos(H)}{\cos(60° - H)}\right] \tag{3-14}$$

$$G = 3I - (R + B) \tag{3-15}$$

当 H 值在 GB 区间($120° \leqslant H < 240°$)时，有

$$H = H - 120° \tag{3-16}$$

$$R = I(1 - S) \tag{3-17}$$

$$G = I\left[1 + \frac{S\cos(H)}{\cos(60° - H)}\right] \tag{3-18}$$

$$B = 3I - (R + G) \tag{3-19}$$

当 H 值在 BR 区间($240° \leqslant H < 360°$)时，有

$$H = H - 240° \tag{3-20}$$

$$G = I(1 - S) \tag{3-21}$$

$$B = I\left[1 + \frac{S\cos(H)}{\cos(60° - H)}\right] \tag{3-22}$$

$$R = 3I - (G + B) \tag{3-23}$$

　　HSI 模型是美国色彩学家孟塞尔(H.A.Munseu)于 1915 年提出的，它反映了人的视觉系统感知彩色的方式。HSI 模型建立基于两个重要的事实：①I 分量与图像的彩色信息无关；②H 和 S 分量与人感受颜色的方式是紧密相连的。这些特点使得 HSI 模型非常适合彩色特性检测与分析。

编程提示(MATLAB 代码)

1. RGB 模型转 HSI 模型

```
%--------
r = rgb(:, :, 1);  %rgb 为读入的 RGB 模型图像
g = rgb(:, :, 2);
b = rgb(:, :, 3);


num = 0.5*((r - g) + (r - b));
den = sqrt((r - g).^2 + (r - b).*(g - b));
theta = acos(num./(den + eps));
H = theta;
H(b > g) = 2*pi - H(b > g);
H = H/(2*pi);
num = min(min(r, g), b);
den = r + g + b;
den(den == 0) = eps;
S = 1 - 3.* num./den;
H(S == 0) = 0;
I = (r + g + b)/3;
hsi = cat(3, H, S, I);%hsi 为转化后的 HSI 模型图像
%---------
```

2. HSI 模型转 RGB 模型

```
%---------
a=size(hsi); %hsi 为读入的 HSI 模型图像
b=a(1);
H = hsi(:,1);
S = hsi(:,2)/255;
I = hsi(:,3)/255;
for i=1:b
if H(i) <=120
    B(i) = I(i)*(1-S(i));
    theta1 = H(i)*pi/180;
    theta2 = ( 60 - H(i) )*pi/180;
    R(i) = I(i)*(1+S(i)*cos(theta1)/cos(theta2));
    G(i) = 3*I(i) - B(i) - R(i);
elseif H(i) <=240
```

```
    R(i) = I(i)*(1-S(i));
    theta1 = (H(i)-120)*pi/180;
    theta2 = ( 180 - H(i) )*pi/180;
    G(i) = I(i)*(1+S(i)*cos(theta1)./cos(theta2));
    B(i) = 3*I(i) - G(i) - R(i);
else
    G(i) = I(i)*(1-S(i));
    theta1 = (H(i)-240)*pi/180;
    theta2 = ( 300- H(i))*pi/180;
    B(i) = I(i)*(1+S(i)*cos(theta1)./cos(theta2));
    R(i)= 3*I(i) - G(i) - B(i);
end
end
rgb = cat(3, R, G, B); %rgb 为转化后的 RGB 模型图像
%----------
```

3.3　彩　色　处　理

3.3.1　伪彩色图像处理

所谓伪彩色处理，就是将图像中的黑白灰度级变成不同的颜色。分层越多，人眼所能提取的信息也越多，从而达到图像增强的目的。伪彩色处理是一种视觉效果明显但又不太复杂的图像增强技术，因此被广泛应用在航空、遥感、X 光片以及云图判读方面。

伪彩色图像处理最常见的方法是灰度分层。灰度分层技术很简单，首先将原始灰度图像 $f(x, y)$ 的灰度范围定义为

$$0 \leqslant f(x,y) \leqslant L \tag{3-24}$$

用 $k+1$ 个灰度等级将图像的灰度范围划分为 k 段

$$l_0, l_1, l_2, \cdots, l_k \tag{3-25}$$

其中，$l_0=0$ 代表黑色，$l_k=L$ 代表白色。灰度级到彩色赋值的映射关系如公式 3-26。

$$\hat{f}(x,y) = c_i, \quad l_{i-1} \leqslant f(x,y) \leqslant l_i, i = 1, 2, \cdots, k \tag{3-26}$$

式中，$\hat{f}(x, y)$ 为输出的伪彩色图像；c_i 为灰度在 $[l_{i-1}, l_i]$ 中所映射成的彩色。

经过上述处理，一幅原始灰度图像 $f(x, y)$ 就可以变成伪彩色图像 $\hat{f}(x, y)$。如果原始图像的灰度分布遍布 k 个灰度区间，则生成的伪彩色图像包括 k 种彩色。

实例

图 3.11 给出了单色图像分别用 2、4、8、16、32 种颜色表示的灰度分层效果图。

(a) 单色图像　　　　　　　　(b) 分层为 2 种颜色　　　　　　(c) 分层为 4 种颜色

(d) 分层为 8 种颜色　　　　　(e) 分层为 16 种颜色　　　　　(f) 分层为 32 种颜色

图 3.11　Baboon 图像的灰度分层效果

编程提示(MATLAB 代码)

```
%-------图像灰度分层
X1 = grayslice(I,2);
X2 = grayslice(I,4);
X3 = grayslice(I,8);
X4 = grayslice(I,16);
X5 = grayslice(I,32);
%-------------------------
```

3.3.2　全彩色图像处理

　　全彩色图像是指 24 比特的 RGB 图像。全彩色图像处理一般有两大类，第一类是将 RGB 图像拆分，分别处理每一幅分量图像，处理结束后进行合成。第二类是直接处理彩色像素，此时每一个彩色像素被看作是一个三维向量。令 c 代表 RGB 彩色空间中的任一个像素向量，则有

$$c = \begin{bmatrix} c_{\mathrm{R}} \\ c_{\mathrm{G}} \\ c_{\mathrm{B}} \end{bmatrix} = \begin{bmatrix} R \\ G \\ B \end{bmatrix} \tag{3-27}$$

对于大小为 $M \times N$ 的图像，则存在 MN 个彩色像素向量 $c(x, y)$：

$$c(x, y) = \begin{bmatrix} c_{\mathrm{R}}(x, y) \\ c_{\mathrm{G}}(x, y) \\ c_{\mathrm{B}}(x, y) \end{bmatrix} = \begin{bmatrix} R(x, y) \\ G(x, y) \\ B(x, y) \end{bmatrix} \tag{3-28}$$

式中，$x = 0, 1, \cdots, M-1$；$y = 1, 2, \cdots, N-1$。针对全彩色图像的处理需要对每一像素向量分别处理。

为了使两种处理方式等同，必须满足以下两个条件。

(1) 对全彩色图像的处理必须对向量和标量都可用。

(2) 对像素向量的任一分量操作必须相对于其他分量独立。

实例

图 3.12 给出了全彩色 Lena 图像的基本处理效果图。图 3.13 给出了全彩色 Lena 图像使用不同算子进行锐化和边缘检测的效果图。

(a) 原始图像　　　　　　　　(b) 灰度化图像　　　　　　　　(c) 反色图像

图 3.12　全彩色图像的基本处理

(a) 拉普拉斯锐化　　　　　(b) 拉普拉斯算子边缘　　　　(c) Sobel 算子边缘

图 3.13　全彩色图像的锐化和边缘检测

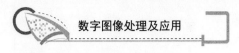

编程提示(MATLAB 代码)

```
%---拉普拉斯锐化
lapmatrix = [1 1 1; 1 -8 1; 1 1 1];
I = imfilter(rgb, lapmatrix, 'replicate');%rgb 为输入图像
%---拉普拉斯算子边缘
[G,T] = edge(rgb, 'replicate', thresh);%thresh 为门限值
%---Sobel 算子边缘
[G,T] = edge(rgb, 'sobel', thresh);
```

3.4 彩色图像的平滑和锐化

3.4.1 彩色图像的平滑

彩色图像的平滑和灰度级图像一样，即当滤波模板滑过将被平滑的图像时，每一个像素被相邻像素的平均值代替，当然，与灰度级图像平滑不同的是，这里处理的像素都是用向量表示。

针对一幅 RGB 彩色图像，假设中心位置向量为，则对于指定区域内的向量平均值可以如下计算：

$$c(x,y) = \frac{1}{K} \sum_{(m,n)\in S} c(m,n) \tag{3-29}$$

式中，S 为区域内所有相邻像素的坐标集合；K 为相邻像素个数。根据式(3-28)以及向量相加的性质，可得

$$c(x,y) = \begin{bmatrix} \dfrac{1}{K}\sum\limits_{(m,n)\in S} R(m,n) \\[2mm] \dfrac{1}{K}\sum\limits_{(m,n)\in S} G(m,n) \\[2mm] \dfrac{1}{K}\sum\limits_{(m,n)\in S} B(m,n) \end{bmatrix} \tag{3-30}$$

从式(3-30)看，彩色图像的邻域平滑可以通过在每一个分量平面上执行来完成。

实例

图 3.14 给出了图 3.9(a)中 Lena 彩色图像的 R、G、B 共 3 个分量。图 3.15 给出了分别用 5×5、9×9、15×15 的均值模板对 Lena 彩色图像的 3 个分量分别平滑后的效果图。

(a) 红色分量　　　　　　　　(b) 绿色分量　　　　　　　　(c) 蓝色分量

图 3.14　Lena 彩色图像的 3 个分量

(a) 均值 5×5 模板　　　　　　(b) 均值 9×9 模板　　　　　　(c) 均值 15×15 模板

图 3.15　对 RGB 图像 3 个分量分别平滑后的效果

编程提示(MATLAB 代码)

```
%----均值模板滤波
w_5=fspecial('disk',5);
I_filtered=imfilter(fc,w_5,'replicate');% fc 为输入图像
%------
w_9=fspecial('disk',9);
I_filtered=imfilter(fc,w_9,'replicate');
%----
w_15=fspecial('disk',15);
I_filtered=imfilter(fc,w_15,'replicate');
```

　　根据 3.2.3 节提到的 HSI 模型可知，由于该模型分离了彩色图像的色彩和亮度之间的关系，因此这种模型更适合灰度处理技术，图 3.16 给出了 Lena 彩色图像转换为 HSI 图像后仅对其亮度分量平滑的效果图。对比图 3.15 中对 R、G、B 这 3 个分量分别平滑的效果图，HSI 模型在平滑过程中保持了色调和饱和度不变，这使得处理后的彩色图像像素颜色没有变化，因此平滑效果要好于对 R、G、B 这 3 个分量分别平滑的效果。对比图 3.15 和图 3.16 可以看出，随着滤波模板的增大，两种平滑效果的差别也越来越大。

(a) 均值 5×5 模板   (b) 均值 9×9 模板   (c) 均值 15×15 模板

图 3.16　对 HSI 图像亮度分量平滑后转换为 RGB 图像的效果

编程提示(MATLAB 代码)

```
%----均值模板滤波
h=rgb2hsi(fc); % fc为输入图像
%------
w_5=fspecial('disk',5);
I_filtered=imfilter(h(:,:,3),w_5,'replicate');
%------
w_9=fspecial('disk',9);
I_filtered=imfilter(h(:,:,3),w_9,'replicate');
%----
w_15=fspecial('disk',15);
I_filtered=imfilter(h(:,:,3),w_15,'replicate');
%------
h=hsi2rgb(h);
```

3.4.2　彩色图像的锐化

图像锐化最常用的是拉普拉斯方法，一维拉普拉斯算子的表达式如下。

$$g(x) = f(x) - \frac{\mathrm{d}^2 f(x)}{\mathrm{d}x^2} \tag{3-31}$$

在二维情况下，拉普拉斯算子可以表达为

$$\nabla^2 f(x,y) = \frac{\partial^2 f(x,y)}{\partial x^2} + \frac{\partial^2 f(x,y)}{\partial y^2} \tag{3-32}$$

对于二维离散函数 $f(x, y)$，拉普拉斯算子则被定义为

$$\nabla^2 f(x,y) = \nabla_x^2 f(x,y) + \nabla_y^2 f(x,y) \tag{3-33}$$

在 RGB 系统中，由于图像包含 R、G、B 这 3 个分量，针对像素向量 $c(x, y)$ 的拉普拉斯算子则可以如下表达。

$$\nabla^2 \left[c(x,y) \right] = \begin{bmatrix} \nabla^2 R(x,y) \\ \nabla^2 G(x,y) \\ \nabla^2 B(x,y) \end{bmatrix} \tag{3-34}$$

也就是说，RGB 图像需要对 3 个分量分别进行拉普拉斯锐化，再将他们合成得到锐化后的图像。同样，对于 HSI 模型的图像，仅需要对其亮度分量进行锐化即可，操作简单。图 3.17(a)和 3.17(b)分别给出了使用拉普拉斯算子锐化的 RGB 图像，以及 HSI 模型中仅对亮度锐化后转化为 RGB 的图像，两者之间视觉效果近似，但依然存在很大差别，图 3.17(c)给出了两种结果做差之后的效果图。

  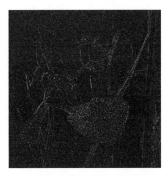

(a) 处理 RGB 3 个分量的效果　　(b) 处理 HSI 亮度分量并转化为　　(c) 两种结果的差别
　　　　　　　　　　　　　　　　　　　RGB 的效果

图 3.17　使用拉普拉斯算子对彩色图像进行锐化的效果图

编程提示(MATLAB 代码)

```
lapmatrix = [1 1 1; 1 -8 1; 1 1 1];%拉普拉斯算子
I = imfilter(rgb, lapmatrix, 'replicate');%rgb 为输入图像
hsi = rgb2hsi(rgb);
hsi(:,:,3) = imfilter(hsi(:,:,3), lapmatrix, 'replicate');
h=hsi2rgb(hsi);
I_sharp2 = double(rgb) - double(h);%两种结果的差别
```

3.5　彩色图像的分割

3.5.1　HSI 空间分割

在 HSI 空间中，彩色图像包含色调、饱和度和亮度 3 个分量。由于色调图像描述彩色很方便，而亮度分量不含彩色因素，因此 HSI 空间中的分割通常是将饱和度作为参考模板，同时利用色调分量来完成。

下面给出一种具体的分割方法。

(1) 分离 HSI 图像的色调、饱和度和亮度分量。

(2) 根据阈值 t_1 将饱和度分量处理成一幅二值模板。通常阈值选取饱和度分量中最大值的 10%～30%。

(3) 将色调分量与饱和度处理的二值模板相乘得到乘积图像。

(4) 根据乘积图像的直方图用阈值 t_2 进行分割。

通常，感兴趣区域在乘积图像中已经与其他区域分离，只需选取合适的阈值即可实施有效分割。图 3.18 给出了"星云"图像实施 HSI 空间分割的效果图，其中感兴趣区域为中心蓝绿色区域，饱和度二值模板阈值 $t_1=20\%$，乘积图像阈值 $t_2=35\%$。当然，选取不同的饱和度阈值所得到的分割图像的效果也不同，图 3.19 给出了不同饱和度阈值下的分割效果。

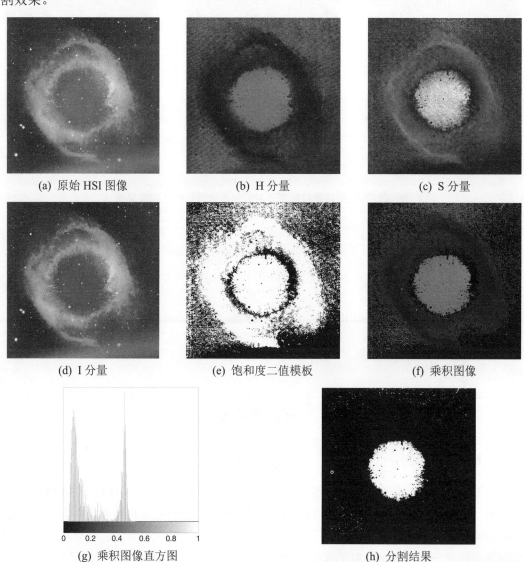

图 3.18　星云图像的 HSI 空间分割

(a) t_1=10%   (b) t_1=20%   (c) t_1=30%

图 3.19 不同饱和度阈值下的分割效果

编程提示(MATLAB 代码)

```
hsi=rgb2hsi(rgb);%rgb 为输入图像
I1=hsi(:,:,1);%三个分量
I2=hsi(:,:,2);
I3=hsi(:,:,3);
m = t1*max(max(I2));%饱和度二值模板
I2(I2>m)=1;
I2(I2<=m)=0;
I4 = I1.*I2;%色调与饱和度乘积
I4(I4>t2)=1;%最终分割
I4(I4<=t2)=0;
```

3.5.2 RGB 空间分割

在 RGB 空间中进行彩色图像分割通常是选取一组主观感兴趣的彩色样点，获取该组样点的"平均"颜色，用代表 RGB 分量的向量来表示。分割的目的是对图像中每一个 RGB 像素进行分类，在分类过程中通过与"平均"颜色比较，判断是否为感兴趣颜色。在分割过程中需要进行像素相似性的比较，通常使用欧氏距离(Euclidean Distance)和马氏距离(Mahalanobis Distance)来完成。假设"平均"颜色为 $\boldsymbol{s} = (s_R, s_G, s_B)$，RGB 空间中任一点颜色为 $\boldsymbol{t} =(t_R, t_G, t_B)$，则欧氏距离表达为

$$D(\boldsymbol{s},\boldsymbol{t})=\|\boldsymbol{s}-\boldsymbol{t}\|=\left[\left(s_R-t_R\right)^2+\left(s_G-s_G\right)^2+\left(s_B-s_B\right)^2\right]^{1/2} \tag{3-35}$$

式中，$\|\bullet\|$ 表示参量的范数；下标 R、G、B 表示向量 $\boldsymbol{s}$ 和 $\boldsymbol{t}$ 的 RGB 分量。

马氏距离表达为

$$D(\boldsymbol{s},\boldsymbol{t})=\left[\left(\boldsymbol{s}-\boldsymbol{t}\right)^{\mathrm{T}}\boldsymbol{C}^{-1}\left(\boldsymbol{s}-\boldsymbol{t}\right)\right]^{1/2} \tag{3-36}$$

式中，$\boldsymbol{C}$ 是彩色样点的协方差矩阵。

为了方便比较，图 3.20 给出了对图 3.18(a)用 RGB 模型分割的例子，其中图 3.20(a)是人为选择的感兴趣彩色样点区域，图 3.20(b)和图 3.20(c)分别是利用欧氏距离和马氏距离分割的效果图。通过对比可以看出利用欧氏距离分割的效果较好，而利用马氏距离得到的结

果具有一定扩展性。相比图 3.18(h)，两种距离得到的结果都明显好于利用 HSI 模型得到的分割结果。

(a) 选择的 RGB 空间区域   (b) 欧式距离   (c) 马氏距离

图 3.20   RGB 空间分割效果

编程提示(MATLAB 代码)

```
mask=roipoly(f);%roipoly 为选择感兴趣的多边形
red=immultiply(mask,f(:,:,1));
green=immultiply(mask,f(:,:,2));
blue=immultiply(mask,f(:,:,3));
g=cat(3,red,green,blue);%多边形 3 个分量重新组合

[M,N,K]=size(g);
I=reshape(g,M*N,3);
idx=find(mask);
I=double(I(idx,1:3));
[C,m]=covmatrix(I);%计算协方差矩阵

d=diag(C);%方差
sd=sqrt(d)';%标准差
E=colorseg('seuclidean',f,75,m);%高斯距离分割
Ma=colorseg('mahalanobis',f,75,m,C);%马氏距离分割
```

习 题

一、概念理解

1. 彩色模型   2. RGB 模型   3. CMK 模型   4. HSI 模型

5. 对比度   6. 伪彩色   7. 真彩色   8. 彩色平衡

二、简答题

1. 解释三基色原理。

2. 利用相加混色和相减混色怎样得到品红色？

三、编程实践

1. 利用 MATLAB 语言编程提取彩色 Baboon 图像(图 3.21)的 R、G、B 分量,并根据 HSI 模型定义,提取其 H、S、I 分量。

2. 利用 MATLAB 语言编程实现对彩色 Baboon 图像(图 3.21)使用 5×5 均值模板进行平滑和使用拉普拉斯算子进行锐化。

图 3.21　彩色 Baboon 图像

第4章
图 像 变 换

在图像处理中，二维图像变换是非常重要的研究领域。在变换空间的输出图像可以被分析、解释，并进一步处理用于完成不同的任务。包括图像空间域几何变换和频域变换两方面的内容。本章重点介绍图像频域变换，通常是通过二维正交变换，将图像表示为一系列基本信号(称为基函数)的组合。例如图像的傅里叶变换是用复正弦信号作为基函数，余弦变换用余弦信号作为基函数。这些变换被广泛地应用，是对图像常用的、有效的分析手段。

教学目标

- 理解图像变换的概念；
- 理解二维离散傅里叶变换的方法及频谱分析方法；
- 掌握二维傅里叶变换定义、性质及其应用；

教学要求

知 识 要 点	能 力 要 求	相 关 知 识
傅里叶变换	(1) 了解图像变换的目的、要求和应用 (2) 掌握一维离散傅里叶变换定义，频谱分析概念 (3) 掌握二维离散傅里叶变换定义、性质及其应用	傅里叶变换
余弦变换	了解余弦变换定义及其应用	离散余弦变换
小波变换	(1) 了解小波的定义 (2) 了解小波变换的定义及其应用	小波变换

推荐阅读资料

[1] 丁玮，齐东旭. 数字图像变换及信息隐藏与伪装技术[J]. 计算机学报，1998，21(09): 838-844.

[2] 侯波. 基于小波变换消除遥感图像噪声[D]. 中国科学院研究生院(遥感应用研究所)，2002.

[3] 田润澜，肖卫华，齐兴龙. 几种图像变换算法性能比较[J]. 吉林大学学报：信息科学版，2010，28(05):439-445.

基本概念

傅里叶变换(Fourier Transformation)：是一种线性的积分变换，常在将信号在时域(或空域)和频域之间变换时使用，在物理学和工程学中有许多应用。因其基本思想首先由法国学者约瑟夫·傅里叶系统地提出，所以以其名字来命名以示纪念。

离散余弦变换(Discrete Cosine Transformation)：是与傅里叶变换相关的一种变换，类似于离散傅里叶变换，但是只使用实数。离散余弦变换相当于一个长度大概是它两倍的离散傅里叶变换，这个离散傅里叶变换是对一个实偶函数进行的(因为一个实偶函数的傅里叶变换仍然是一个实偶函数)。

小波变换(Wavelet Transformation)：小波变换是空间(时间)和频率的局部变换，因而能有效地从信号中提取信息。通过伸缩和平移等运算功能可对函数或信号进行多尺度的细化分析，解决了傅里叶变换不能解决的许多困难问题。数学家认为，小波分析是一个新的数学分支，它是泛函分析、傅里叶分析、样条分析、数值分析的完美结晶；信号和信息处理专家认为，小波分析是时间—尺度分析和多分辨分析的一种新技术，它在信号分析、语音合成、图像识别、计算机视觉、数据压缩、地震勘探、大气与海洋波分析等方面的研究都取得了有科学意义和应用价值的成果。

引例

氪空间创业项目"哈图"，想要打造虚拟与现实交互出来的 2.5 次元世界，如图 4.1 所示。(来源于 36 氪网站)

图 4.1 哈图的图像变换技术实现 2.5 次元世界

这些虚拟元素就是哈图魔贴商店里提供的一系列魔贴，通过哈图的图像变换技术，用户可以通过拉伸扭曲来变换元素纵深以更好与场景适配(如图 4.1)，比如你可以"戴"一顶假发，把"小黄人"请到餐桌上，坝上大草原飞来一只"蜘蛛侠"，印个纹身等，应该是处于二次元与三次元之间吧。就哈图来讲，场景是无限的这点毋庸置疑，而哈图要做的就是为这用户的生活场景植入各种生活存在(实物)、不存在的元素，改变场景中单个角色的形象，或者通过新角色、新道具的加入丰富、打破一个场景的时间或空间秩序，通过虚拟与现实的交互寻找更多创意。

这里图像的变换是在空间域进行的，而本章重点将介绍频域变换的基本方法和原理。图 4.2 给出不同图形及其 FFT 变换幅值谱图像对比，可以看出频域和空间域的相关性。

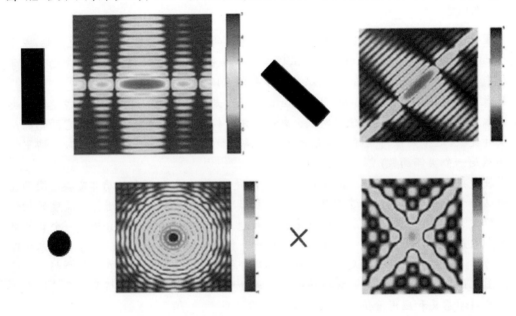

图 4.2　不同形状图像及其幅度谱

4.1　傅里叶变换

人类视觉系统根本上是对入射到我们眼睛视网膜上的光进行频率分析。同样，傅里叶变换使我们能通过频率成分来分析一个函数。因此这种变换，揭示了嵌入在图像中的光谱结构，这可以用于表现图像的特征。傅里叶变换描述了图像的空间频率，将图像分解成连续的正弦信号，各种频率的正弦信号振幅组成了图像的频率光谱。傅里叶逆变换则是通过累加它的组成频率合成图像。

4.1.1　一维傅里叶变换

长度为 N 的离散函数，其一维离散傅里叶变换表达式为

$$F(u) = \frac{1}{N} \sum_{x=0}^{N-1} f(x) e^{-j\frac{2\pi ux}{N}} \qquad u = 0, 1, 2, \cdots, N-1 \qquad (4-1)$$

$F(u)$对应的一维离散傅里叶逆变换表达式为

$$f(x) = \sum_{u=0}^{N-1} F(u) e^{j\frac{2\pi ux}{N}} \qquad x = 0, 1, 2, \cdots, N-1 \qquad (4-2)$$

公式(4-2)中的 $F(u)$ 通常为复函数。根据欧拉公式，指数项可以表示成余弦项和正弦项的和：$e^{j\theta} = \cos\theta + j\sin\theta$，所以 $F(u)$ 可以分解为实数部分 $R(u)$ 和虚数部分 $I(u)$，表示为

$$\begin{aligned} F(u) &= R(u) + jI(u) \\ &= \frac{1}{N} \sum_{x=0}^{M-1} f(x) [\frac{\cos 2\pi ux}{N} - j\frac{\sin 2\pi ux}{N}] \\ &= \frac{1}{N} \sum_{x=0}^{M-1} f(x) \frac{\cos 2\pi ux}{N} - j\frac{1}{N} \sum_{x=0}^{M-1} f(x) \frac{\sin 2\pi ux}{N}] \qquad u = 0, 1, 2, \cdots, N-1 \end{aligned} \qquad (4-3)$$

$F(u)$ 也可以用极坐标来表示

$$F(u) = |F(u)| e^{j\phi(u)} \qquad (4-4)$$

式中 $|F(u)| = \sqrt{R^2(u) + I^2(u)}$，称为傅里叶变换的幅度或频率谱；$\phi(u) = \arctan\left[\dfrac{I(u)}{R(u)}\right]$，称为相角或相位谱。

一维傅里叶变换功率谱表达式为

$$P(u) = |F(u)|^2 = R^2(u) + I^2(u) \qquad (4-5)$$

 小故事

工科生们"仰慕已久"的约瑟夫·傅里叶

从大一的高等数学开始，大多数的工科生们在大学 4 年里或多或少的都会和傅里叶先生打上几次交道：从傅里叶级数到连续傅里叶变换、离散傅里叶变换，再到二维傅里叶变换。下面让我们了解一下傅里叶的生平。约瑟夫·傅里叶男爵(Joseph Fourier，1768 年 3 月 21 日—1830 年 5 月 16 日)，法国数学家、物理学家，提出傅里叶级数，并将其应用于热传导理论与振动理论，他被归功为温室效应的发现者。傅里叶在 1807 年就写成包含傅里叶级数基本思想的关于热传导的论文，但经当时的权威拉格朗日、拉普拉斯和勒让德审阅后却被认为该理论存在巨大缺陷而拒绝发表。傅里叶没有妥协于权威放弃自己的思想，而是认真修订了论文中的不足之处，终于在 1811 年又提交了经修改的论文，该文获科学院大奖。1822 年，傅里叶终于出版了专著《热的解析理论》。这部经典著作将欧拉、伯努利等人在一些特殊情形下应用的三角级数方法发展成内容丰富的一般理论，极大地推动了偏微分方程边值问题的研究。然而傅里叶的工作意义远不止此，它迫使人们对函数概念作修正、推广，特别是引起了对不连续函数的探讨；三角级数收敛性问题更刺激了集合论的诞生。

电气学里的名言"永远不要忘记傅里叶变换"

傅里叶发表著名论著《热的分析理论》，见图 4.3，从而提出了任何函数都可以展成三角函数的无穷级数，傅里叶级数(即三角级数)、傅里叶分析等理论均由此创始。

图 4.3　傅里叶和他的专著

4.1.2　二维傅里叶变换

在二维离散情况下，$f(x, y)$ 的二维离散傅里叶变换表达式为

$$F(u,v) = \frac{1}{MN}\sum_{x=0}^{M-1}\sum_{y=0}^{N-1}f(x,y)\mathrm{e}^{-\mathrm{j}2\pi(\frac{ux}{M}+\frac{vy}{N})} \tag{4-6}$$

式中，$u=0, 1, 2, \cdots, M-1$；$v=0, 1, 2, \cdots, N-1$。

给出 $F(u, v)$，通过傅里叶反变换可以得到 $f(x, y)$

$$f(x,y) = \sum_{u=0}^{M-1}\sum_{v=0}^{N-1}F(u,v)\mathrm{e}^{\mathrm{j}2\pi(\frac{ux}{M}+\frac{vy}{N})} \tag{4-7}$$

其中 $x=0, 1, 2, \cdots, M-1$；$y=0, 1, 2, \cdots, N-1$。

同样，可以定义二维傅里叶变换的频谱、相位角和功率谱如下

$$|F(u,v)| = \sqrt{R^2(u,v) + I^2(u,v)} \tag{4-8}$$

$$\varphi(u,v) = \arctan\frac{I(u,v)}{R(u,v)} \tag{4-9}$$

$$P(u,v) = R^2(u,v) + I^2(u,v) \tag{4-10}$$

编程提示：MATLAB 求解图像和傅里叶频谱

在实际应用中，DFT 及其逆变换可以通过使用快速傅里叶变换(FFT)算法来实现。一个大小为 $M×N$ 图像数组 f 的二维 FFT 算法可以通过调用 MATLAB 工具箱中的 fft2 函数来实现，语法为：F=fft2(f)。该函数返回一个大小仍为 $M×N$ 的傅里叶变换，计算所得的数据

原点在左上角。傅里叶频谱可以使用函数 abs 来获得：S=abs(F)。

由于二维离散傅里叶变换结果在左上、右上、左下和右下 4 个角对应直流成分，4 个角周围区域对应于低频成分，中央部分对应于高频成分。为了使直流成分出现在中央，我们需要对变换结果进行换位。使用函数 fftshift 可以将变换的原点移动到频率矩形的中心。为了增加频谱的可视细节，我们可以使用对数来进行处理。

实例

使用 MATLAB 图像处理工具箱对图像进行二维离散傅里叶变换，主要的命令如下所示。

```
F=fft2(I);
S=abs(F); figure,imshow(S,[]);
Fc=fftshift(F); figure,imshow(abs(Fc),[]);
S2=log(1+abs(Fc)); figure,imshow(S2,[]);
```

图像及傅里叶频谱如图 4.4 所示。

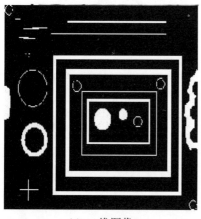

(a) 二维图像

(b) 二维傅里叶变换幅度谱

(c) 原点移到中心后的幅度谱

(d) 对数处理后的频谱图

图 4.4 图像及傅里叶频谱

图像的频率是表征图像中像素灰度变化剧烈程度的指标。例如：大面积的沙漠、稻田等在图像中是一片灰度变化缓慢的区域，对应的频率值很低，如图 4.5(a)、(b)所示；而对于地表属性变换剧烈的边缘区域在图像中是一片灰度变化剧烈的区域，对应的频率值较高，如图 4.6(a)、(b)所示。傅里叶变换将图像从空间域转换到频率域。傅里叶变换的物理意义是将图像的灰度分布函数变换为图像的频率分布函数。

(a) 稻田图像   (b) 幅度谱

图 4.5　稻田图像与其傅里叶变换的幅度谱

(a) 铁路图像   (b) 幅度谱

图 4.6　铁路图像与其傅里叶变换的幅度谱

编程提示

函数 ifft2 可计算傅里叶逆变换，该函数得基本语法为：g=ifft2(F)。若用于计算的 F 输入是实数，则理论上逆变换结果也应该是实数。然而，ifft2 的输出实际上都会有很小的虚数分量，这是由浮点计算的舍入误差所导致的。因此，最好是在计算逆变换后提取结果的实部，以便获得仅由实数组成的图像。两种操作可以合并在一起，如下所示：g=real(ifft2(F))。

图 4.7 分别给出稻田和铁路图像傅里叶反变换的实部。

图 4.7　傅里叶反变换后的实部

4.1.3　二维傅里叶变换的性质

设 $f(x, y)$ 和 $F(u, v)$ 构成一对变换，即 $f(x, y) \Leftrightarrow F(u, v)$，则二维傅里叶变换具有如下性质。

1. 可分离性

二维离散傅里叶变换和反变换具有可分离的特性，即二维傅里叶变换和反变换都可以由连续两次运行一维傅里叶变换来实现。二维傅里叶变换的可分离性表达如下

$$F(u,v) = \frac{1}{M}\sum_{x=0}^{M-1}\mathrm{e}^{-\mathrm{j}2\pi\frac{ux}{M}}\frac{1}{N}\sum_{y=0}^{N-1}f(x,y)\mathrm{e}^{-\mathrm{j}2\pi\frac{vy}{N}} \quad u=0,1,2,\cdots,M-1,\ v=0,1,2,\cdots,N-1 \tag{4-11}$$

$$f(x,y) = \sum_{u=0}^{M=1}\mathrm{e}^{\mathrm{j}2\pi\frac{ux}{M}}\sum_{v=0}^{N-1}F(u,v)\mathrm{e}^{\mathrm{j}2\pi\frac{vy}{N}} \quad x=0,1,2,\cdots,M-1,\ y=0,1,2,\cdots,N-1 \tag{4-12}$$

2. 线性

由二维离散傅里叶变换的定义式，很容易推导出二维离散傅里叶变换和反变换都是线性变换，即

$$\mathscr{F}[af(x,y)+bg(x,y)]=a\,\mathscr{F}[f(x,y)]+b\,\mathscr{F}[g(x,y)] \tag{4-13}$$

$$\mathscr{F}^{-1}[aF(u,v)+bF(u,v)]=a\,\mathscr{F}^{-1}[F(u,v)]+b\,\mathscr{F}^{-1}[F(u,v)] \tag{4-14}$$

3. 平移性

二维离散傅里叶变换的平移性质描述为

$$f(x-x_0,y-y_0) \Leftrightarrow F(u,v)\mathrm{e}^{-\mathrm{j}2\pi(\frac{x_0 u}{M}+\frac{y_0 v}{N})} \tag{4-15}$$

$$F(u-u_0,v-v_0) \Leftrightarrow f(x,y)\mathrm{e}^{\mathrm{j}2\pi(\frac{u_0 x}{M}+\frac{v_0 y}{N})} \tag{4-16}$$

$f(x, y)$ 在空间平移相当于把其二维离散傅里叶变换在频域与一个指数项相乘，$f(x, y)$ 在空间与一个指数项相乘相当于把其二维离散傅里叶变换在频域平移。

4. 周期性

构成二维离散傅里叶变换对的两个阵列都是定义在有限区域上的，即都是有限阵元的

阵列。在有些情况下，需要对变量 x、y 或 u、v 延拓，这时由变换式所算得的阵列具有周期性，即

$$f(x,y) = f(x+aM, y+bN) \tag{4-17}$$

$$F(u,v) = F(u+aM, v+bN) \tag{4-18}$$

式中，$x,u = 0,1,\cdots,M-1$；$y,v = 0,1,\cdots,N-1$；a、b 为整数。这是因为 $e^{-j2\pi\frac{ux}{M}}$ 是 x 或 u 的周期函数，$e^{-j2\pi\frac{vy}{N}}$ 是 y 或 v 的函数，周期分别为 M 和 N。

5. 尺度缩放性

二维离散傅里叶变换的尺度缩放性描述为

$$af(x,y) \Leftrightarrow aF(u,v) \tag{4-19}$$

$$f(ax,by) \Leftrightarrow \frac{1}{|ab|}F(\frac{u}{a},\frac{v}{b}) \tag{4-20}$$

$f(x, y)$ 在幅度方面的尺度变化导致其傅里叶变换 $F(u, v)$ 在幅度方面的对应尺度变化，而 $f(x, y)$ 在空间尺度方面的放缩则导致其傅里叶变换 $F(u, v)$ 在频域尺度方面的相反的放缩。例如，对 $f(x,y)$ 的收缩($a>1$，$b>1$)将导致 $F(u, v)$ 膨胀，且会使 $F(u, v)$ 幅度减小，如图 4.8 所示。

 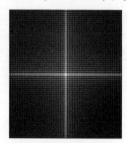  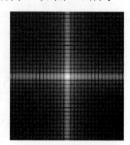

(a) 原图像　　　　(b) 原图像幅度谱　　　　(c) 尺寸缩小图像　　　　(d) 缩小图像幅度谱

图 4.8　图像的缩放与频谱

6. 旋转性

借助极坐标将 $f(x, y)$ 和 $F(u, v)$ 表示成 $f(r, \theta)$ 和 $F(\omega, \varphi)$。则旋转性表示为

$$f(r,\theta+\theta_0) \Leftrightarrow F(\omega,\varphi+\theta_0) \tag{4-21}$$

即对 $f(x, y)$ 旋转 θ_0，对应的傅里叶变换 $F(u, v)$ 也旋转 θ_0，如图 4.9 所示。

   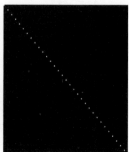

(a) 原图像　　　　(b) 原图像幅度谱　　　　(c) 旋转图像　　　　(d) 旋转图像幅度谱

图 4.9　图像旋转与频谱

7. 空间域卷积定理

设 $f(x,y)$ 和 $g(x,y)$ 是大小分别为 $A×B$ 和 $C×D$ 的两个数组，则它们的离散卷积定义为

$$f(x,y)*g(x,y) = \sum_{m=0}^{M-1}\sum_{n=0}^{N-1} f(m,n)g(x-m,y-n) \tag{4.22}$$

式中，$x=0,1,\cdots,M-1$；$y=0,1,\cdots,N-1$；$M=A+C-1$，$N=B+D-1$。

对上式两边进行傅里叶变换，有

$$\mathscr{F}[f(x,y)*g(x,y)] = \sum_{x=0}^{M-1}\sum_{y=0}^{N-1}[\sum_{m=0}^{M-1}\sum_{n=0}^{N-1} f(m,n)g(x-m,y-n)]\,\mathrm{e}^{-\mathrm{j}2\pi(\frac{ux}{M}+\frac{vy}{N})} \tag{4.23}$$

$$= \sum_{m=0}^{M-1}\sum_{n=0}^{N-1} f(m,n)\,\mathrm{e}^{-\mathrm{j}2\pi(\frac{um}{M}+\frac{vn}{N})}\sum_{x=0}^{M-1}\sum_{y=0}^{N-1} g(x-m,y-n)\,\mathrm{e}^{-\mathrm{j}2\pi(\frac{u(x-m)}{M}+\frac{v(y-n)}{N})}$$

$$= F(u,v)G(u,v)$$

这就是空间域卷积定理。

360 百科

两个二维连续函数在空间域中的卷积可求其相应的两个傅里叶变换乘积的反变换而得。反之，在频域中的卷积可用的在空间域中乘积的傅里叶变换而得。这一定理对拉普拉斯变换、双边拉普拉斯变换、Z 变换、Mellin 变换和 Hartley 变换等各种傅里叶变换的变体同样成立。在调和分析中还可以推广到在局部紧致的阿贝尔群上定义的傅里叶变换。

8. 离散相关定理

设 $f(x,y)$ 和 $g(x,y)$ 是大小分别为 $A×B$ 和 $C×D$ 的两个数组，则它们的互相关定义为

$$f(x,y)\circ g(x,y) = \sum_{m=0}^{M-1}\sum_{n=0}^{N-1} f^*(m,n)g(x+m,y+n) \tag{4-24}$$

式中，$x=0,1,\cdots,M-1$，$y=0,1,\cdots,N-1$；$M=A+C-1$，$N=B+D-1$。则相关定理为

$$\mathscr{F}[f(x,y)\circ g(x,y)] = F^*(u,v)G(u,v) \tag{4-25}$$

4.2 余 弦 变 换

傅里叶变换是用无穷区间上的复正弦基函数和信号的内积描述信号总体频率分布，或者是信号在不同频率变量基函数矢量的投影。实际上，基函数可以有其他不同类型，相当于用不同类型基函数去分解信号(图像)。余弦变换是其中常用的一种。

若周期函数是实的偶函数，那么它的傅里叶级数中将只含余弦项。如果将给定的序列延拓成偶对称序列，则它的离散傅里叶变换也将只含余弦项。

百度百科

离散余弦变换(DCT for Discrete Cosine Transform)是与傅里叶变换相关的一种变换，它类似于离散傅里叶变换(DFT for Discrete Fourier Transform)，但是这个离散傅里叶变换是对一个实偶函数进行的(因为一个实偶函数的傅里叶变换仍然是一个实偶函数)，在有些变形里面需要将输入或者输出的位置移动半个单位(DCT 有 8 种标准类型，其中 4 种是常见的)。

例如，在静止图像编码标准 JPEG 中，在运动图像编码标准 MJPEG 和 MPEG 的各个标准中都使用了离散余弦变换。JPEG 的压缩过程可以分为以下几步。

(1) 将整幅图像分解为 8×8 的小块。

(2) 对每个小块做 DCT 变换。

(3) 对变换后得到的频率域使用前面所介绍的方法进行压缩：减少每个元素的 bit 值以及丢弃一些元素。通过量化表(Quantization Table)(图 4.10)，这两个压缩操作可以一步实现。

a. Low compression

1	1	1	1	1	2	2	4
1	1	1	1	1	2	2	4
1	1	1	1	2	2	2	4
1	1	1	1	2	2	4	8
1	1	2	2	2	2	4	8
2	2	2	2	2	4	8	8
2	2	2	4	4	8	8	16
4	4	4	4	8	8	16	16

b. High compression

1	2	4	8	16	32	64	128
2	4	4	8	16	32	64	128
4	4	8	16	32	64	128	128
8	8	16	32	64	128	128	256
16	16	32	64	128	128	256	256
32	32	64	128	128	256	256	256
64	64	128	128	256	256	256	256
128	128	128	256	256	256	256	256

图 4.10　量化表

(4) JPEG 压缩的第 4 步，8×8 的块被扫描为线性序列，扫描顺序如图 4.11 所示。对块进行量化处理后，再进行游程编码，振幅为 0 的元素就被删除。

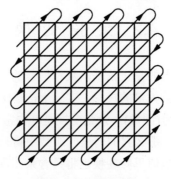

图 4.11　扫描顺序

一维离散余弦变换和其反变换的表达式如下

$$F(u) = a(u)\sum_{x=0}^{N-1} f(x)\cos\left[\frac{\pi u(2x+1)}{2N}\right] \quad u = 0,1,\cdots,N-1 \tag{4-26}$$

$$f(x) = a(u)\sum_{u=0}^{N-1} F(u)\cos\frac{\pi u(2x+1)}{2N} \quad x = 0,1,\cdots,N-1 \tag{4-27}$$

二维离散余弦变换是一维情况的推广，二维离散余弦变换和其反变换的定义为

$$F(u,v) = \frac{2}{N}a(u)a(v)\sum_{x=0}^{N-1}\sum_{y=0}^{N-1} f(x,y)\cos\left(\frac{\pi u(2x+1)}{2N}\right)\cos\left(\frac{\pi v(2y+1)}{2N}\right) u,v = 0,1,\cdots,N-1 \tag{4-28}$$

$$f(x,y) = \frac{2}{N}a(x)a(y)\sum_{u=0}^{N-1}\sum_{v=0}^{N-1} F(u,v)\cos\left(\frac{\pi u(2x+1)}{2N}\right)\cos\left(\frac{\pi v(2y+1)}{2N}\right) x,y = 0,1,\cdots,N-1 \tag{4.29}$$

式中，$a(u) = \begin{cases} 1/\sqrt{2} & \text{当}u = 0 \\ 1 & \text{当}u = 1,2,\cdots,N-1 \end{cases}$

二维离散余弦变换对写成矩阵表达式为

$$F = C^{\mathrm{T}} \cdot f \cdot C \tag{4-30}$$

$$f = C \cdot F \cdot C^{\mathrm{T}} \tag{4-31}$$

编程提示：

在 MATLAB 中计算离散余弦变换的函数是 dct2，该函数使用基于 FFT 的算法来提高计算速度。

图 4.12 显示了离散余弦变换前后图像的显示结果。

(a) 原图像　　　　　　　　　　　　　(b) 图像的 DCT 变换

图 4.12　离散余弦变换前、后图像显示结果

DCT 矩阵的左上角代表低频分量，右下角代表高频分量，由 DCT 域图像我们能够了解图像主要包含低频成分。为了进一步比较，针对图 4.5 和 4.6 图像求解 DCT 变换，可见亮度分布均匀的图像，经过 DCT 变换后能量更为集中，可以达到较高的压缩比，如图 4.13 所示。

(a) 图 4.5 图像的 DCT 变换结果   (b) 图 4.6 图像 DCT 变换结果

图 4.13　两种不同图像 DCT 变换对比

实例

设一幅 $N=4$ 的图像用矩阵表示为

$$f(x,y) = \begin{bmatrix} 1 & 1 & 1 & 1 \\ 1 & 0 & 0 & 1 \\ 1 & 0 & 0 & 1 \\ 1 & 1 & 1 & 1 \end{bmatrix}$$

求图像的二维离散余弦变换 $F(u,v)$。

解：

$$C = \sqrt{\frac{1}{2}} \begin{bmatrix} \sqrt{\frac{1}{2}} & \sqrt{\frac{1}{2}} & \sqrt{\frac{1}{2}} & \sqrt{\frac{1}{2}} \\ \cos\frac{\pi}{8} & \cos\frac{3\pi}{8} & \cos\frac{5\pi}{8} & \cos\frac{7\pi}{8} \\ \cos\frac{2\pi}{8} & \cos\frac{6\pi}{8} & \cos\frac{10\pi}{8} & \cos\frac{14\pi}{8} \\ \cos\frac{3\pi}{8} & \cos\frac{9\pi}{8} & \cos\frac{15\pi}{8} & \cos\frac{21\pi}{8} \end{bmatrix} = \begin{bmatrix} 0.5 & 0.5 & 0.5 & 0.5 \\ 0.653 & 0.271 & -0.271 & -0.653 \\ 0.5 & -0.5 & -0.5 & 0.5 \\ 0.271 & -0.653 & 0.653 & -0.271 \end{bmatrix}$$

$$F(u,v) = C^{\mathrm{T}} \cdot f \cdot C$$

$$= \begin{bmatrix} 0.5 & 0.5 & 0.5 & 0.5 \\ 0.653 & 0.271 & -0.271 & -0.653 \\ 0.5 & -0.5 & -0.5 & 0.5 \\ 0.271 & -0.653 & 0.653 & -0.271 \end{bmatrix} \begin{bmatrix} 1 & 1 & 1 & 1 \\ 1 & 0 & 0 & 1 \\ 1 & 0 & 0 & 1 \\ 1 & 1 & 1 & 1 \end{bmatrix} \begin{bmatrix} 0.5 & 0.5 & 0.5 & 0.5 \\ 0.653 & 0.271 & -0.271 & -0.653 \\ 0.5 & -0.5 & -0.5 & 0.5 \\ 0.271 & -0.653 & 0.653 & -0.271 \end{bmatrix}$$

$$= \begin{bmatrix} 2.368 & -0.471 & 1.624 & 0.323 \\ -0.471 & 0.094 & 0.323 & -0.064 \\ 1.624 & 0.323 & 0.449 & 0.089 \\ 0.323 & -0.064 & 0.089 & -0.018 \end{bmatrix}$$

从这个例子可以看出，图像经过离散余弦变换后，在频率域中矩阵左上角低频的幅值大，而右下角高频的幅值小，经过量化后会产生大量的零值。因此，离散余弦变换具有信息强度集中的特点，广泛应用于图像压缩中。

4.3 小波变换

傅里叶分析揭示了时域与频域之间内在的联系，反映了"整个"时间范围内信号的"全部"频谱成分，是研究信号的周期现象不可缺少的工具。尽管傅里叶变换具有很强的频域局域化能力，但是它明显的缺点，是无法反映非平稳信号在局部区域的频域特征及其对应关系，即傅里叶变换在时域没有任何分辨率，无法确定信号奇异性的位置。从傅里叶分析演变而来的小波分析的优点恰恰可以弥补傅里叶变换中存在的不足之处。小波变换是以牺牲部分频域定位性能来取得时—频局部性的折中。小波变换不仅能够提供较精确的时域定位，还能提供较精确的频域定位。而真实物理信号，更多表现出非平稳的特性，小波变换成为处理非平稳信号的有力工具。

百度小故事

小波变换的概念是由法国从事石油信号处理的工程师 J. Morlet 在 1974 年首先提出的，通过物理的直观和信号处理的实际需要经验地建立了反演公式，当时未能得到数学家的认可。正如 1807 年法国的热学工程师 J.B.J.Fourier 提出任一函数都能展开成三角函数的无穷级数的创新概念未能得到认可一样。幸运的是，早在 20 世纪 70 年代，A. Calderon 表示定理的发现、Hardy 空间的原子分解和无条件基的深入研究为小波变换的诞生做了理论上的准备，而且 J.O.Stromberg 还构造了历史上非常类似于现在的小波基；1986 年著名数学家 Y. Meyer 偶然构造出一个真正的小波基，并与 S. Mallat 合作建立了构造小波基的统一方法——多尺度分析之后，小波分析才开始蓬勃发展起来，其中比利时女数学家 I.Daubechies 撰写的《小波十讲(*Ten Lectures on Wavelets*)》对小波的普及起了重要的推动作用。与 Fourier 变换、视窗 Fourier 变换(Gabor 变换)相比，具有良好的时频局部化特性，因而能有效地从信号中提取资讯，通过伸缩和平移等运算功能对函数或信号进行多尺度细化分析(Multiscale Analysis)，解决了 Fourier 变换不能解决的许多困难问题，因而小波变化被誉为"数学显微镜"，它是调和分析发展史上里程碑式的进展。

小波变换是时间(空间)频率的局部化分析，它通过伸缩平移运算对信号(函数)逐步进行多尺度细化，最终达到高频处时间细分，低频处频率细分，能自动适应时频信号分析的要求，从而可聚焦到信号的任意细节，解决了 Fourier 变换的困难问题，成为继 Fourier 变换以来在科学方法上的重大突破。有人把小波变换称为"数学显微镜"，其原理如图 4.14 所示。

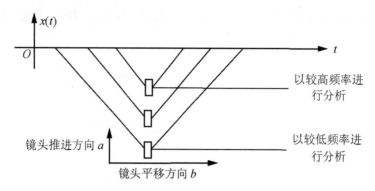

图 4.14　小波变换是数学上的显微镜

小波，即小区域的波，是一种特殊的长度有限的、平均值为 0 的波形。它有两个特点：一是"小"，即在时域都具有紧支集或近似紧支集；二是正负交替的"波动性"，也即直流分量为零。图 4.15 所示为几种常见的小波。

众所周知，傅里叶分析是把一个信号分解成各种不同频率的正弦波，因此正弦波是傅里叶变换的基函数。同样，小波变换是把一个信号分解成由原始小波经过移位和缩放后的一系列小波，因此小波是小波变换的基函数，即小波可用作表示一些函数的基函数。

小波变换具有以下特点。

(1)　具有多分辨率(也叫多尺度)的特点，可以有粗到细地逐步观察信号。

(2)　可以看成基本频率特性为 $\Psi(\omega)$ 的带通滤波器在不同尺度 a 下对信号做滤波。由于傅里叶变换的尺度特性可知这组滤波器具有品质因数恒定，即相对带宽(带宽与中心频率之比)恒定的特点。a 越大相当于频率越低。图 4.16 为信号在不同尺度空间的投影描述。

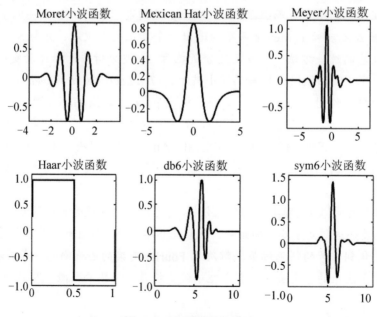

图 4.15　几种常见的小波

(3) 适当地选择基小波，使 $\psi(t)$ 在时域上为有限支撑，$\Psi(\omega)$ 在频域上也比较集中，就可以使小波变换在时频域都具有表征信号局部特征的能力，因此有利于检测信号的瞬态或奇异点。

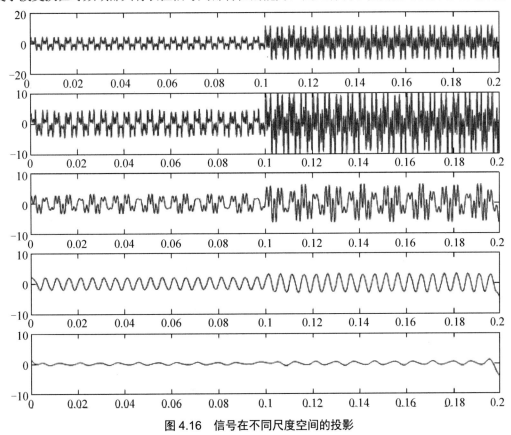

图 4.16 信号在不同尺度空间的投影

4.3.1 一维连续小波变换

设 $\psi(t) \in L^2(R)$（平方可积函数空间），其傅里叶变换为 $\Psi(\omega)$，当 $\Psi(\omega)$ 满足容许性条件（完全重构条件或恒等分辨条件）

$$C_\psi = \int_R \frac{|\Psi(\omega)|^2}{|\omega|} \, \mathrm{d}\omega < \infty \tag{4-32}$$

时，我们称 $\psi(t)$ 为一个基本小波或母小波。将母函数 $\psi(t)$ 经伸缩和平移后得

$$\psi_{a,b}(t) = \frac{1}{\sqrt{|a|}} \psi\left(\frac{t-b}{a}\right) \qquad a,b \in R; a \neq 0 \tag{4-33}$$

称其为一个小波序列。其中 a 为尺度参数；b 为平移参数。

对于任意函数 $f(t) \in L^2(R)$ 的连续小波变换的定义为

$$W_f(a,b) \leqslant f, \quad \psi_{a,b} \geqslant |a|^{-1/2} \int_R f(t) \overline{\psi\left(\frac{t-b}{a}\right)} \mathrm{d}t \tag{4-34}$$

其逆变换为

$$f(t) = \frac{1}{C_\psi} \int_{-\infty}^{\infty} \int_{-\infty}^{\infty} \frac{1}{a^2} W_f(a,b) \psi\left(\frac{t-b}{a}\right) \mathrm{d}a \mathrm{d}b \tag{4-35}$$

基小波 $\psi(t)$ 是归一化的具有单位能量的解析函数，它应满足如下几个条件。

(1) 定义域应是紧支撑的，即在一个很小的区间之外，函数值为零，该函数具有速降特性。

(2) 平均值为零，即 $\int_{-\infty}^{\infty}\psi(t)\mathrm{d}t = 0$ 其高阶矩也为零，即 $\int_{-\infty}^{\infty}t^k\psi(t)\mathrm{d}t = 0$，其中 $k=0, 1, \cdots, N-1$。

连续小波变换具有以下重要性质。

(1) 线性：一个多分量信号的小波变换等于各个分量的小波变换之和。

(2) 平移不变性：若 $f(t)$ 的小波变换为 $W_f = (a,b)$，则 $f = (t-\tau)$ 的小波变换为 $W_f = (a,b-\tau)$。

(3) 伸缩共变性：若 $f(t)$ 的小波变换为 $W_f = (a,b)$，则 $f(a_0 t)$ 的小波变换为
$$W_f(a_0 a, a_0 b)/\sqrt{a_0}。$$

(4) 自相似性：对应不同尺度参数 a 和不同平移参数 b 的连续小波变换之间是自相似的。

4.3.2 离散小波变换

在运用计算机上实现时，连续小波必须加以离散化。需要指出的是与我们以前习惯的时间离散化不同，连续小波的离散化针对的是连续的尺度参数 a 和平移参数 b，而不是针对时间变量 t。

在连续小波中，考虑函数

$$\psi_{a,b}(t) = |a|^{-1/2}\psi(\frac{t-b}{a}) \tag{4-36}$$

式中，$b \in R$，$a \in R^+$，且 $a \neq 0$，ψ 是容许的。为方便起见，在离散化中，限制 a 只取正值，这样容许性条件就变为

$$C_\psi = \int_0^\infty \frac{|\hat{\psi}(\bar{\omega})|}{|\bar{\omega}|}\mathrm{d}\bar{\omega} < \infty \tag{4-37}$$

通常，把连续小波变换中尺度参数 a 和平移参数 b 的离散公式分别取作 $a = a_0^j$，$b = ka_0^j b_0$，这里 $j \in Z$，扩展步长 $a_0 \neq 1$ 是固定值，为方便起见，总是假定 $a_0 > 1$。所以对应的离散小波函数 $\psi_{j,k}(t)$ 即可写作

$$\psi_{j,k}(t) = a_0^{-j/2}\psi(\frac{t-ka_0^j b_0}{a_0^j}) = a_0^{-j/2}\psi(a_0^{-j}t - kb_0) \qquad j,k \in Z \tag{4-38}$$

则离散化小波变换可表示为

$$W_{j,k} \leqslant f，\ \psi_{j,k} \geqslant \int_{-\infty}^{\infty} f(t)\psi_{j,k}^*(t)\mathrm{d}t \tag{4-39}$$

其逆变换为

$$f(t) = C\sum_{-\infty}^{\infty}\sum_{-\infty}^{\infty} W_{j,k}\psi_{j,k}(t) \tag{4-40}$$

式中，C 是一个与信号无关的常数。

为了能够保证重构信号的精度，网格点应尽可能密(即 a_0 和 b_0 尽可能小)。因为如果网格

点越稀疏,使用的小波函数 $\psi_{j,k}(t)$ 和离散小波系数 $C_{j,k}$ 就越少,信号重构的精确度也就会越低。

实例

利用 MATLAB 小波工具箱的部分函数,对输入原信号为两个频率正弦波,加入高斯白噪声后进行了三层小波分解与去噪算法实现,图 4.17(a)为原始输入信号与其频谱图。

利用 MALLAT 算法三层小波分解,结果如图 4.17(b)、(c)、(d)所示,图 4.18 为重构信号与原信号波形对比。

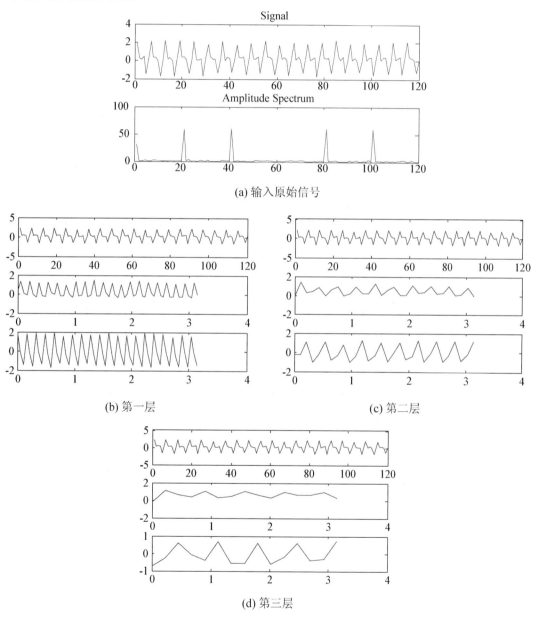

(a) 输入原始信号

(b) 第一层   (c) 第二层

(d) 第三层

图 4.17 信号与其三层小波分解

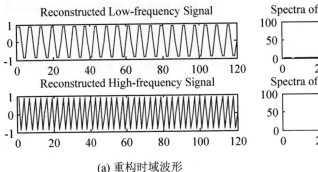

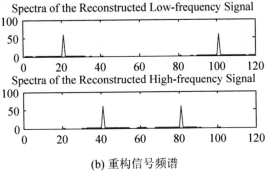

(a) 重构时域波形　　　　　　　　　　(b) 重构信号频谱

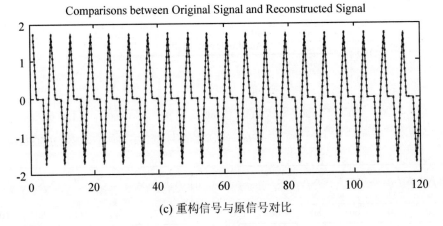

(c) 重构信号与原信号对比

图 4.18　重构信号

给定可分离的二维尺度和小波函数，一维离散小波变换到二维的扩展很简单。首先定义尺度和平移函数

$$\phi_{j,m,n}(x,y)=2^{j/2}\phi(2^j x-m,2^j y-n) \tag{4-41}$$

$$\psi^i_{j,m,n}(x,y)=2^{j/2}\psi(2^j x-m,2^j y-n) \quad i=\{H,V,D\} \tag{4-42}$$

式中 $\phi(x,y)$ 是一个二维尺度函数，$\psi^H(x,y)$、$\psi^V(x,y)$、$\psi^D(x,y)$ 是 3 个二维小波度量函数。这些小波度量函数沿着不同方向的图像强度会灰度而变化：$\psi^H(x,y)$ 度量沿着水平方向变化，$\psi^V(x,y)$ 度量沿着垂直方向变化，$\psi^D(x,y)$ 度量沿着对角线方向变化。其中

$$\phi(x,y)=\phi(x)\phi(y)$$
$$\psi^H(x,y)=\psi(x)\phi(y)$$
$$\psi^V(x,y)=\phi(x)\psi(y)$$
$$\psi^D(x,y)=\psi(x)\phi(y)$$

大小为 $M\times N$ 的图像 $f(x,y)$ 的离散小波变换为

$$W_\phi(j_0,m,n)=\frac{1}{\sqrt{MN}}\sum_{x=0}^{M-1}\sum_{y=0}^{N-1}f(x,y)\phi_{j_0,m,n}(x,y) \tag{4-43}$$

$$W^i_\psi(j,m,n)=\frac{1}{\sqrt{MN}}\sum_{x=0}^{M-1}\sum_{y=0}^{N-1}f(x,y)\psi^i_{j_0,m,n}(x,y) \quad i=\{H,V,D\} \tag{4-44}$$

与一维情况相同，j_0 是任意的开始尺度，$W_\phi(j_0, m, n)$ 系数定义了在尺度 j_0 的 $f(x, y)$ 的近似。$W_\psi^i(j, m, n)$ 系数对于 $j \geqslant j_0$ 附加了水平、垂直和对角方向的细节。通常，令 $j_0=0$ 并且选择 $M = N = 2^j$，$j = 0, 1, 2, \cdots, J-1$ 和 $m, n = 0, 1, 2, \cdots, 2^j - 1$。离散小波的逆变换可以表示为

$$
\begin{aligned}
f(x, y) = & \frac{1}{\sqrt{MN}} \sum_m \sum_n W_\phi(j_0, m, n) \phi_{j_0, m, n}(x, y) + \\
& \frac{1}{\sqrt{MN}} \sum_{i=H,V,D} \sum_{j=j_0}^{\infty} \sum_m \sum_n W_\phi(j_0, m, n) \phi_{j_0, m, n}(x, y)
\end{aligned}
\tag{4-45}
$$

图 4.19 给出利用 haar 小波，缩放函数是[1 1]，小波函数是[1-1]，对 Lena 图像分解的效果。

图 4.19　图像与其小波分解

MATLAB 中图像小波变换编程提示：

一维小波变换函数如下所示。

1. dwt 函数

功能：一维离散小波变换。使用指定的小波基函数 'wname' 对信号 X 进行分解。
格式：[cA,cD]=dwt(X,'wname')。

2. idwt 函数

功能：一维离散小波反变换。由近似分量 cA 和细节分量 cD 经小波反变换重构原始信号 X。
格式：X=idwt(cA,cD,'wname')。
二维小波变换的 MATLAB 实现函数名称及其功能见表 4-1。

表 4.1　二维小波变换函数及功能表

函　数　名	函　数　功　能
dwt2	二维离散小波变换
wavedec2	二维信号的多层小波分解
idwt2	二维离散小波反变换
waverec2	二维信号的多层小波重构
wrcoef2	由多层小波分解重构某一层的分解信号
upcoef2	由多层小波分解重构近似分量或细节分量
detcoef2	提取二维信号小波分解的细节分量
appcoef2	提取二维信号小波分解的近似分量
upwlev2	二维小波分解的单层重构
dwtpet2	二维周期小波变换
idwtper2	二维周期小波反变换

小波基函数；X=waverec2(C,S,Lo_R,Hi_R)使用重构低通和高通滤波器 Lo_R 和 Hi_R 重构原信号。傅里叶变换用到的基函数只有 $e^{j\alpha t}$，具有唯一性；小波分析用到的函数(即小波函数)则具有多样性，同一个工程问题用不同的小波函数进行分析有时结果相差甚远。小波函数的选用是小波分析运用到实际中的一个难点问题，目前往往是通过经验或不断地试验来选择小波函数。傅里叶变换是在全时域上的变换即从负无穷时间到正无穷时间，它具有最高的频率分辨率但是没有时间分辨率。小波变换基本思想是将函数在基函数上展开，基函数具有时间与频率分辨率，因而小波变换也具有时间和频率分辨率。但是小波变换的频率并不是真正意义上的频率，只有具有相当于频率的一种比率。

本节仅对小波理论做了简要的分析，近年来随着数字信号处理理论的发展，小波理论也在不断地发展和丰富，其应用范围也在不断地扩展。

习　　题

一、简答题

1. 图像处理中进行图像正交变换的目的是什么？

2. 二维傅里叶变换有哪些性质？

3. 离散余弦变换和离散傅里叶变换对比，相同点和不同点是什么？

4. 什么是小波？小波函数是唯一的吗？小波函数应满足哪些容许性条件？

二、简单计算

1. 求下列图像的二维离散傅里叶变换，并分析结果。

$$\begin{bmatrix} 1 & 1 & 1 & 1 \\ 1 & 0 & 0 & 1 \\ 1 & 0 & 0 & 1 \\ 1 & 1 & 1 & 1 \end{bmatrix}$$

2. 求上面图像的二维离散余弦变换，并分析结果。

三、编程实践

1. 应用 MATLAB 工具箱编写读取并显示一幅灰度图像，对该灰度图像进行二维离散傅里叶变换。显示并分析变换结果图像。

2. 应用 MATLAB 工具箱编写读取并显示一幅灰度图像，对该灰度图像进行二维离散余弦变换。显示并分析变换结果图像。

3. 应用 MATLAB 工具箱编写读取并显示一幅灰度图像，对该灰度图像进行二维离散小波变换，显示并分析变换结果图像。

第5章
图 像 增 强

　　图像增强的目标是改善图像质量或改善视觉效果。图像增强的并没有统一通用的标准，对同一幅图像进行增强处理有时结果会因人而异，相当主观。图像增强技术从类型上可分为空间域增强技术和频域增强技术。空间域增强包括点处理方法、邻域模板处理方法等，频域增强包括低通滤波、高通滤波和同态滤波等。本章介绍图像增强技术的基本概念，以及常用的空间域和频域的图像增强方法。

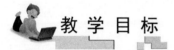

教 学 目 标

● 　了解不同图像增强的概念；
● 　掌握常见空间域增强方法；
● 　掌握常用的频域增强方法。

教 学 要 求

知 识 要 点	能 力 要 求	相 关 知 识
直接灰度变换	(1) 理解灰度映射原理 (2) 掌握常见的直接灰度变换函数及其应用	点处理；灰度映射
直方图变换	(1) 掌握图像直方图概念 (2) 理解直方图变换的基本原理 (3) 掌握直方图均衡化原理和应用	灰度直方图； 直方图均衡化
空间滤波	(1) 了解图像邻域和模板操作概念 (2) 了解图像平滑和图像锐化的概念 (3) 掌握图像均值滤波、中值滤波的方法 (4) 掌握图像的梯度算子锐化法	邻域模板法基本原理； 空间域平滑和锐化处理的目的； 空间域平滑和锐化的处理方法
频域滤波	(1) 了解图像频域分析的基本方法 (2) 掌握图像低通滤波、高通滤波的基本原理 (3) 了解图像带通和带阻滤波的基本原理 (4) 掌握图像同态滤波的基本原理	低通滤波和高通滤波； 同态滤波

推荐阅读资料

[1] 许欣. 图像增强若干理论方法与应用研究[D]. 南京理工大学博士研究生论文，2010.

[2] 王胜军，梁德群. 一种基于图像方向信息测度算法的自适应表格图像增强算法 [J]. 中国图象图形学报，2006，1(9):439-445

[3] 肖燕峰. 基于 Retinex 理论的图像增强恢复算法研究[D]. 上海交通大学硕士研究生论文，2007.

[4] 刘雪超，吴志勇，王弟男，杨华，黄德天. 结合自适应窗口的二维直方图图像增强[J]. 红外与激光工程，2014，6(1):2027-2035.

基本概念

图像增强(Image Enhancement)：增强图像中的有用信息，其目的是要改善图像的视觉效果，针对给定图像的应用场合，有目的地强调图像的整体或局部特性，将原来不清晰的图像变得清晰或强调某些感兴趣的特征，扩大图像中不同物体特征之间的差别，抑制不感兴趣的特征，使图像质量改善、信息量丰富，加强图像判读和识别效果，满足某些特殊分析的需要。

空间域增强(Enhancement in the Spatial Domain)：空间域增强是直接对原图像的灰度级进行运算，它分为两类，一类是对图像作逐点运算，称为点运算如灰度对比度扩展、削波、灰度窗口变换、直方图均衡化等；另一类是与像素点邻域有关的局部运算，如平滑、中值滤波、锐化等。

频率域增强(Enhancement in the Frequency Domain)：频率域增强是将图像经傅里叶变换后的频谱成分进行处理，有低通滤波、高通滤波、同态滤波等滤波方法，然后经过逆傅里叶变换获得所需的图像。

引例

航天科工二院 207 所 400 套视频监控系统效力边疆海域(中国航天科工集团公司)

中国航天科工二院 207 所海防视频监控系统落户央视，中央电视台军事频道和新闻频道分别以《信息化"哨兵"落户广东省沟疏海防民兵哨所》为名对 207 所海防视频监控站进行了报道，如图 5.1 所示。中国航天科工二院，研制近 400 套多传感器视频监控系统，已应用于我国海防和边疆。这些先进监控系统的投入使用，促使我国边海防逐渐实现从人力监控到科技管边控海的转变。研制人员还赋予了系统更多的智能化特质。图像增强、动目标检测、图像全景拼接、越界报警，以及与卫星定位、防越境报警等系统配合使用。该套系统的成功落户，标志着揭阳海防民兵哨所从人工监测开始向信息化智能监测转型。为我国海防建设发展做出新的贡献，为国家安全稳定增添了一道坚固的屏障。

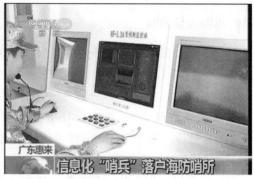

图 5.1　中国航天科工二院 207 所海防视频监控系统落户央视

5.1　空间域图像增强

一幅图像在获取、传输和处理的过程中，受到各种各样的因素影响，可能会导致图像的质量下降。因此我们需要利用图像处理技术对降质图像进行质量改善，图像增强技术是基于这个目的被提出来的。

图像增强技术，是指在不考虑图像质量下降的原因的情况下，突出图像中人类感兴趣的部分特征或者人类需要研究的部分特征，并将图像中不需要的信息衰减。图像增强的目的是改善图像的视觉效果，提高图像的清晰度，并将图像转变成一种比原图像更适合于特定应用分析处理的形式。目前图像增强统一的理论还不存在，这与用于测量图像增强质量的客观标准有关。因此，一般由观察者的主观感觉来评价图像增强的效果。如图 5.2 所示的两幅图像，不同观察者的主观评价可能会略有不同。

图 5.2　图像空间域增强视图

在空间域和频率域上都可以对图像进行增强。空间域图像增强是对图像像素的直接处理。频率域增强是以傅里叶变换为基础的图像增强方法，先由傅里叶变换得到频谱成分，在频域经过增强处理，然后经傅里叶逆变换得到所需的增强图像。

空间域处理可由下式定义

$$g(x,y) = T[f(x,y)] \tag{5-1}$$

式中 $f(x,y)$ 是输入图像；$g(x,y)$ 是处理后的图像；T 是对 f 的一种操作。

5.1.1 直接灰度变换

灰度变换是数字图像增强技术的一个重要的手段，目的是使图像的灰度动态范围扩大，图像的对比度扩大，图像更加清晰，特征越发明显。灰度变换将原图像灰度区间映射到新的图像灰度区间，是以图像像素为基础，运用点运算变换对图像进行变换的手段。灰度变换不会改变图像像素的空间位置关系。根据变换函数曲线的形式，灰度变换可以分为线性变换、分段线性变换、非线性变换，分别如图 5.3(a)、(b)、(c)所示。其中 $f(x, y)$ 为原图像，$g(x,y)$ 为灰度变换后的图像，L 为图像灰度等级。

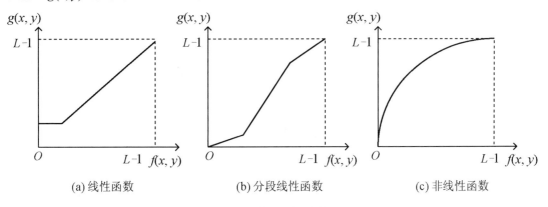

| (a) 线性函数 | (b) 分段线性函数 | (c) 非线性函数 |

图 5.3　直接灰度变换映射函数

常见的灰度变换有如下几种。

1. 图像求反

图像求反就是将原图像灰度值翻转，即黑变白，白变黑。图 5.4 显示了图像求反所用的变换函数，以及图像求反的例子。特别适用于嵌入于图像暗色区域的白色或灰色细节。

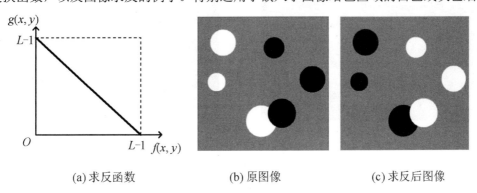

| (a) 求反函数 | (b) 原图像 | (c) 求反后图像 |

图 5.4　图像求反

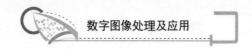
2. 对比度扩展

假设一幅图，由于成像时光照不足，使得整幅图偏暗，或者成像时光照过强，使得整幅图偏亮，我们称这些情况为低对比度，即灰度都挤在一起，没有拉开。灰度扩展就是把感兴趣的灰度范围拉开，使得该范围内的像素，亮的越亮，暗的越暗，从而达到了增强对比度的目的。

对比度扩展可以用如下分段线性函数实现。

$$g(x,y) = \begin{cases} a*f(x,y) & 0 \leqslant f(x,y) < s_1 \\ b*f(x,y) & s_1 \leqslant f(x,y) < s_2 \\ c*f(x,y) & s_2 \leqslant f(x,y) \leqslant N-1 \end{cases} \tag{5-2}$$

图 5.5 为对比度扩展的分段线性函数。

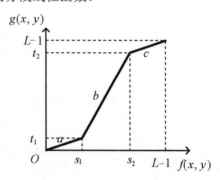

图 5.5　对比度扩展分段线性函数

例如，取 $s_1=100$，$s_2=150$，$b=3.0$ 进行对比度扩展，结果如图 5.6 所示，可以看出亮的区域(雕塑)变得更亮，暗的区域(手)变得更暗。

(a) 原图像　　　　　　　　　　　　　(b) 对比度扩展后的图像

图 5.6　对比度扩展

对比度扩展的一个特例是削波。例如，取 $s_1=150$，$s_2=200$ 进行削波的结果如图 5.7 所示。把亮的区域(雕塑)提取了出来，如图 5.7(a)和(b)所示。如果令削波中的 $s_1=s_2$ 就实现了阈值化，经过阈值化处理后的图像变成了黑白二值图，如图 5.7(c)和(d)所示。

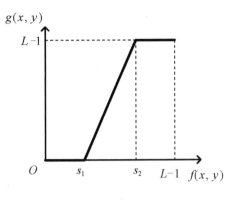

(a) 削波变换曲线

(b) 削波后的图像

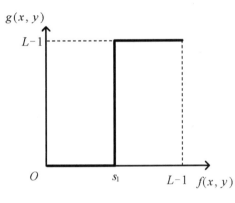

(c) 阈值化变换曲线

(d) 阈值化后的图像

图 5.7　图像削波和阈值化

3. 灰度切割

当需要提高特定灰度范围的亮度时，可以采用灰度切割的方法。灰度切割有两种，一种是清除背景的，一种是保留背景的，如图 5.8 所示。前者把不在灰度窗口范围内的像素都赋值为 0，在灰度窗口范围内的像素都赋值为 255，这也能实现灰度图的二值化；后者是把不在灰度窗口范围内的像素保留原灰度值，在灰度窗口范围内的像素都赋值为 255。灰度窗口变换可以检测出在某一灰度窗口范围内的所有像素，是图像灰度分析中的一个有力工具。图 5.9 显示了两种灰度切割的效果。

图 5.9 为经过保留背景的灰度切割变换处理后的图像(灰度窗口取[200，255])将灯光提取了出来，同时保留了背景。经过清除背景的灰度切割变换处理后的图像(灰度窗口取[200，255])，仅仅将灯光提取了出来。

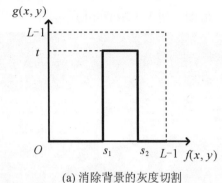
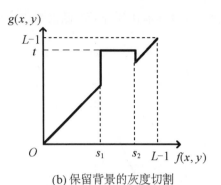

(a) 消除背景的灰度切割   (b) 保留背景的灰度切割

图 5.8　灰度切割变换曲线

(a) 原图像   (b) 保留背景的灰度切割   (c) 消除背景的灰度切割

图 5.9　图像的灰度切割

5.1.2　直方图处理

　　灰度图像的直方图是一种表示数字图像中各级灰度值及其出现频数或频率的关系的函数。图像的灰度直方图是一维离散函数，表示为

$$h(k) = n_k \qquad k = 0,1,\cdots,L-1 \tag{5-3}$$

式中，n_k 是 $f(x,y)$ 中具有灰度值 k 的像素个数；L 为图像的灰度等级。例如，图 5.10 显示了一幅大小为 64×64，灰度等级为 8 的图像及其灰度直方图。灰度图像直方图的横坐标用于表示像素的灰度级别，纵坐标表示该灰度出现的频数。

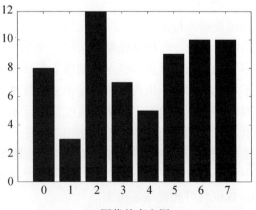

(a) 数字化的图像   (b) 图像的直方图

图 5.10　图像及直方图

图像的直方图反映了图像不同灰度值的分布情况，与图像的直观视觉效果有对应关系。图 5.11 显示了不同图像和所对应的直方图。

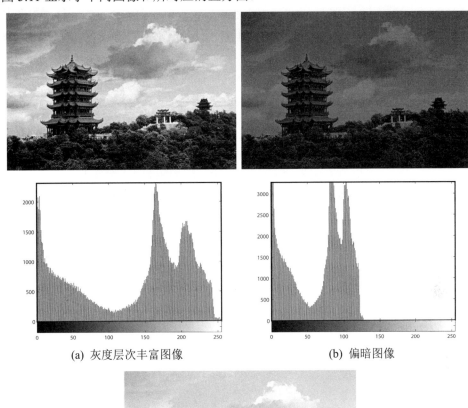

(a) 灰度层次丰富图像　　　　　　　　(b) 偏暗图像

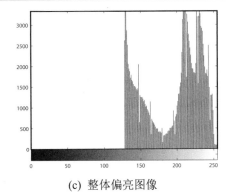

(c) 整体偏亮图像

图 5.11　不同图像及其直方图

图 5.11(a)显示的图像灰度层次丰富，画面形象生动；从直方图可以看出，其灰度值较均匀的分布在[0，255]区间内。而图 5.11(b)和图 5.11(c)显示的图像的灰度值分布范围均比较小，图像动态范围小、层次不分明、不生动；从直方图可以看出，图 5.11(b)的灰度值分布压缩在灰度区间的左侧，图像黯淡，图 5.11(c)的灰度值分布压缩在灰度区间的右侧，图像发白。

改变直方图会对图像质量有着很大影响，所以我们可以通过直方图变换来进行图像增强。

1. 直方图均衡化

直方图均衡化，就是把一个已知灰度概率分布的图像，变换成具有均匀概率分布的新图像。直方图均衡化可以改善因为动态范围偏小而造成图像的质量低下。

设 s_k 和 t_k 分别表示原图像和经过直方图修正后的图像第 k 级灰度值归一化后的值，即 $0 \leqslant s_k,\ t_k \leqslant 1$，$k = 0,1,\cdots,L-1$。在[0,1]区间内的 s_k 经过变换 T 变成 t_k：$t_k = T(s_k)$。变换函数 $T(s_k)$ 应满足下列条件：①在 $0 \leqslant s_k \leqslant 1$ 内应为单调递增函数，保证了灰度级从黑到白的顺序不变；②在 $0 \leqslant s_k \leqslant 1$ 内，有 $0 \leqslant T(s_k) \leqslant 1$，保证了变换后的像素灰度值不超过允许的范围。

由概率论理论可知，如果已知随机变量 s 的概率密度 $p(s)$，而随机变量 t 是 s 的函数，则 t 的概率密度 $p(t)$ 可由 $p(s)$ 求出。假设随机变量 t 的分布函数为 $F(t)$，根据分布函数定义，有

$$F(t) = \int_{-\infty}^{t} p(t)\mathrm{d}t = \int_{-\infty}^{s} p(s)\mathrm{d}s \tag{5-4}$$

密度函数是分布函数的导数，上式两边对 t 求导，有

$$p(t) = \frac{\mathrm{d}}{\mathrm{d}t}[\int_{-\infty}^{s} p(s)\mathrm{d}s] = p(s)\frac{\mathrm{d}s}{\mathrm{d}t} \tag{5-5}$$

直方图均衡化的目标是要求修正后图像的灰度等级均匀分布，即 $p(t) = 1$，所以由式(5-5)有

$$\mathrm{d}t = p(s)\mathrm{d}s \tag{5-6}$$

两边积分得

$$t = T(s) = \int_{0}^{s} p(s)\mathrm{d}s \tag{5-7}$$

式(5-7)表明，当变换函数 $T(s)$ 是原图像直方图累积分布函数时，能达到直方图均衡化的目的。

对于离散的数字图像，变换函数 $T(s)$ 的离散形式为

$$t_k = T(s_k) = \sum_{i=0}^{k} p(s_i) = \sum_{i=0}^{k} \frac{n_i}{N} \quad k = 0,1,\cdots,L-1 \tag{5-8}$$

式中 N 为图像总的像素点数；$p(s_k) = n_k / N$，$k = 0,1,\cdots,L-1$ 是式(5-3)归一化的概率表达式，这里把频率值作为概率的一个估计。由式(5-8)可知，直方图均衡化可以通过图像的累积直方图作为变换函数来实现。归一化的累积直方图定义如下

$$t_k = \sum_{i=0}^{k} \frac{n_i}{N} \quad k = 0,1,\cdots,L-1 \tag{5-9}$$

直方图均衡化可采用列表法来进行计算。设一幅图像灰度等级为 8，其灰度直方图如

图 5.12(a)所示，直方图均衡化计算过程如表 5-1 所示，经过直方图均衡化后的直方图如图 5.12(b)所示。

表 5-1　直方图均衡化计算过程

序号	运　　算	步骤和结果							
1	原始图像灰度级 k	0	1	2	3	4	5	6	7
2	原始灰度直方图 s_k	0.12	0.23	0.25	0.06	0.02	0.08	0.09	0.15
3	累积直方图 t_s	0.12	0.35	0.60	0.66	0.68	0.76	0.85	1
4	取整扩展：$t_k=\text{int}[(L\text{-}1)t_k+0.5]$	1	2	4	5	5	5	6	7
5	确定映射关系	0→1	1→2	2→4	3，4，5→5			6→6	7→7
6	根据映射关系计算均衡化后直方图	0	0.12	0.23	0	0	0.16	0.09	0.15

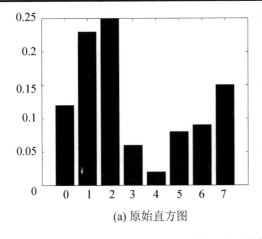
(a) 原始直方图

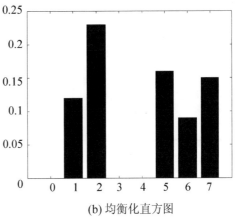
(b) 均衡化直方图

图 5.12　直方图均衡化

图 5.13 显示了一幅图像在直方图均衡化前后的示例。图 5.13(a)所示图像动态范围较小，整体较暗，灰度层次不分明。而经过直方图均衡化后，图 5.13(b)所示图像动态范围增加，图像对比度增强，图像细节和层次更加清晰。

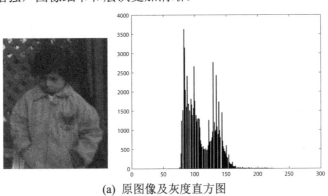
(a) 原图像及灰度直方图

图 5.13　图像直方图均衡化示例

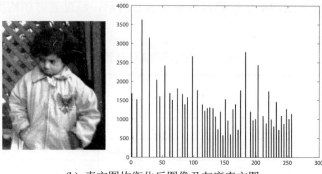

(b) 直方图均衡化后图像及灰度直方图

图 5.13　图像直方图均衡化示例(续)

2. 直方图规定化

直方图规定化借助直方图变换实现规定或特定的灰度映射。主要步骤如下。

(1) 作原始直方图的累积直方图。

(2) 规定需要的直方图，计算规定直方图的累积直方图。

(3) 将原始直方图对应映射到规定直方图。

直方图规定化算法列表，见表 5-2。

表 5-2　直方图规定化计算列表

序号	运　　算	步骤和结果							
1	原始图灰度级 k	0	1	2	3	4	5	6	7
2	原始直方图 s_k	0.2	0.24	0.2	0.17	0.09	0.05	0.02	0.03
3	计算原始积累直方图	0.2	0.44	0.64	0.81	0.9	0.95	0.97	1
4	规定直方图				0.2		0.6		0.2
5	计算规定累积直方图				0.2	0.2	0.8	0.8	1
6S	SML 映射	3	3	5	5	5	7	7	7
7S	确定映射对应关系	0, 1→3		2, 3, 4→5			5, 6, 7→7		
8S	变化后直方图				0.44		0.46		0.1
6G	GML 映射	3	5	5	5	7	7	7	7
7G	查找映射对应关系	0→3	1, 2, 3→5			4, 5, 6, 7→7			
8G	变换后直方图				0.2		0.62		0.18

直方图均衡化和直方图规定化对比：直方图均衡化可以实现图像自动增强，得到全图增强的结果，但是效果不易控制。而直方图规定化有选择地增强，可实现特定增强的效果，但是必须给定需要的直方图。

5.1.3　空间平滑滤波

图像在空间域的滤波是利用图像像素本身以及其邻域像素的灰度关系进行增强的方

法。由于传输信道或采样系统质量较差,或受各种干扰的影响,而造成图像噪声可以借助于图像平滑滤波的方式消除。

空间平滑滤波常采用模板法。模板可以看成是一个尺寸为 $n×n$ 的窗,n 一般为奇数。如图 5.14 所示,图 5.14(a)是一幅图像中的一小部分,$s_i(i=0,1,\cdots,8)$表示像素的灰度值。图 5.14(b)是滤波模板,$k_i(i=0,1,\cdots,8)$表示模板系数。k_0 与 s_0 重合,输出图像中与 s_0 对应的像素的灰度值为 t_0,如图 5.14(c)所示。按模板卷积的思路,$t_0 = \sum_{i=0}^{8} k_i s_i = k_0 s_0 + k_1 s_1 + \cdots + k_8 s_8$,即将模板的各个系数与对应的像素灰度值相乘,并将所有相乘的结果相加(或进行其他的运算)。模板法实现的主要步骤为以下 3 步。

(1) 将模板逐行逐列的在图中扫描,将模板中心与图中某个像素位置重合。

(2) 根据所设计的滤波的类型,将模板系数与对应像素的灰度值作相应的运算。

(3) 将运算结果赋给图中对应模板中心位置的像素。

空间平滑滤波的运算规则根据滤波器选择的不同,具有不同的运算形式,例如均值滤波、中值滤波等。

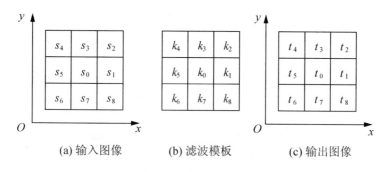

图 5.14 模板卷积运算

1. 均值滤波

均值滤波即把模板下的所有像素的灰度值的均值赋给模板中心位置的像素。均值滤波的效果受模板尺寸的影响。均值滤波器的输出结果为:$t = \frac{1}{M} \sum_{i=0}^{M-1} k_i s_i$。

实例

如图 5.15(a)所示为一个 $3×3$ 的均值滤波模板,覆盖在图像中以 s_0 为中心的像素及其八邻域上,输出结果为 $t_0 = \frac{1}{9} \sum_{i=0}^{8} s_i$。系数 $\frac{1}{9}$ 是为保持灰度值不超过允许范围,即均值滤波的所有系数之和为 1。

对同一尺寸的模板也可以不同位置的系数采用不同的数值,构成加权平均。通常离模板中心像素近的像素对滤波结果贡献较大,所以一般根据系数与模板中心的距离成反比来确定内部系数。例如,图 5.15(b)所示为一个加权平均模板示例。

1	1	1
1	1	1
1	1	1

1	2	1
2	4	2
1	2	1

(a) 邻域平均模板　　　　　　　(b) 加权平均模板

图 5.15　均值滤波模板

图 5.16(a)为一幅原始的 8 bit 灰度级图像，图 5.16(b)为叠加了均匀分布的椒盐噪声后的结果，图 5.16(c)、图 5.16(d)、图 5.16(e)分别为采用了 3×3、5×5、7×7 的均值滤波模板对图 5.16(b)进行平滑的结果。由图可见，随着模板尺寸的增加，对噪声的滤除效果越来越好，但是同时对图像的边缘轮廓造成的模糊也越来越严重，图像细节丢失也越加明显，所以在实际平滑滤波应用中需要选择合适的模板大小。

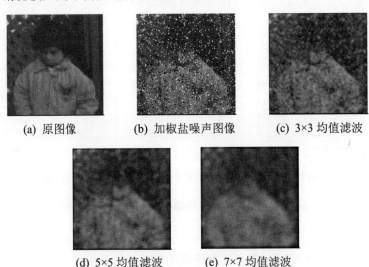

(a) 原图像　　　　　　(b) 加椒盐噪声图像　　　　　(c) 3×3 均值滤波

(d) 5×5 均值滤波　　　　　(e) 7×7 均值滤波

图 5.16　图像均值滤波效果

2. 中值滤波

中值滤波是一种非线性的基于排序的滤波方式。中值滤波是对模板内的所有像素灰度值排序，用其中值代替模板中心像素的灰度值。

对一维信号的中值滤波，将滤除掉宽度小于滤波窗口宽度一半的脉冲信号，而对阶跃信号和斜坡信号不产生影响。对二维图像，图像中尺寸小于模板尺寸一半的过亮或过暗区域将会在滤波后会被消除掉。中值滤波器对脉冲噪声、椒盐噪声的抑制效果好，且同时能保持图像细节，不模糊。但它对点、线等细节较多的图像却不太合适。

实例

中值滤波和均值滤波比较：对图 5.16(b)分别进行中值滤波和均值滤波，图 5.17(a)是 3×3

的均值滤波结果，图 5.17(b)是 3×3 的中值滤波结果，图 5.17(c)是 5×5 的均值滤波结果，图 5.17(d)是 5×5 的中值滤波结果。由图可见，中值滤波滤除椒盐噪声的性能比均值滤波要优越。实际中我们需要根据噪声类型选择合适的滤波器和滤波模板大小。

  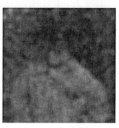 

(a) 3×3 均值滤波   (b) 3×3 中值滤波   (c) 5×5 均值滤波   (d) 5×5 中值滤波

图 5.17　图像的均值滤波和中值滤波

5.1.4　空间锐化滤波

图像经转换或传输后，质量可能下降，难免有些模糊。空间锐化的目的就是突出图像的边缘和轮廓信息，使图像看起来比较清晰。锐化和平滑是起到了相反的作用。图像的平滑可以通过积分(加权平均)来实现，那么锐化可以通过微分(差分)来实现。图像处理中常用梯度来进行锐化处理。对一个连续函数 $f(x,y)$，其梯度是一个矢量，由分别沿 x 和 y 方向的两个偏导组成，定义为

$$\operatorname{grad}(x,y) = \begin{bmatrix} f_x' \\ f_y' \end{bmatrix} = \begin{bmatrix} \dfrac{\partial f(x,y)}{\partial x} \\ \dfrac{\partial f(x,y)}{\partial y} \end{bmatrix} \qquad (5\text{-}10)$$

在离散数字图像处理中，常将梯度的大小称为"梯度"，梯度计算表达式如下

$$\operatorname{grad}(x,y) = \sqrt{f_x'^2 + f_y'^2} \qquad (5\text{-}11)$$

有时为了计算简便，也常常采用近似的梯度计算公式

$$\operatorname{grad}(x,y) = \max\left(\left|f_x'\right|, \left|f_y'\right|\right) \qquad (5\text{-}12)$$

或

$$\operatorname{grad}(x,y) = \left|f_x'\right| + \left|f_y'\right| \qquad (5\text{-}13)$$

离散信号的一阶偏导数用一阶差分近似表示，即

$$f_x' = f(x,y+1) - f(x,y) \qquad (5\text{-}14)$$

$$f_y' = f(x+1,y) - f(x,y) \qquad (5\text{-}15)$$

对于图像中突出的边缘区域，其梯度值较大；对于平滑区域，梯度值较小。图像像素的较大梯度值往往表示了图像的边缘轮廓，采用合适的处理方式，可以对图像边缘起到锐化的作用。所以图像的锐化又和图像的边缘检测紧密联系起来。经典的、最简单的图像边缘检测方法就是对原始图像按像素的某邻域构造边缘检测算子，常用的梯度算子有 Roberts算子、Sobel 算子、Prewitt 算子和 Laplacian 算子等。其基本原理依然是基于模板卷积法，即在图像空间利用两个方向模板与图像进行邻域卷积来完成的，这两个方向模板一个检测水平边缘，一个检测垂直边缘。其中，Roberts 算子、Sobel 算子和 Prewitt 算子都是一阶微

分算子，Laplacian 算子是二阶微分算子。

1. Roberts 算子

Roberts 算子采用对角线方向相邻两像素之差近似梯度幅值检测边缘，对应的模板如图 5.18(a)所示。差分计算式如下。

$$f_x' = |f(x+1, y+1) - f(x, y)| \tag{5-16}$$

$$f_y' = |f(x+1, y) - f(x, y+1)| \tag{5-17}$$

Roberts 算子利用局部差分算子寻找边缘，边缘定位精度较高，但容易丢失一部分边缘信息，同时由于没经过图像平滑计算，因此不能抑制噪声。该算子对具有陡峭的低噪声图像响应最好。

2. Prewitt 算子

Prewitt 算子利用像素点上下、左右邻点的灰度差，在边缘处达到极值检测边缘，为了去掉部分伪边缘，对噪声具有平滑作用，Prewitt 算子将模板尺寸从 2×2 扩展到了 3×3，其模板如图 5.18(b)所示。差分计算式如下。

$$f_x' = \begin{vmatrix} [f(x-1, y-1) + f(x-1, y) + f(x-1, y+1)] \\ -[f(x+1, y-1) + f(x+1, y) + f(x+1, y+1)] \end{vmatrix} \tag{5-18}$$

$$f_y' = \begin{vmatrix} [f(x-1, y+1) + f(x, y+1) + f(x+1, y+1)] \\ -[f(x-1, y-1) + f(x, y-1) + f(x+1, y-1)] \end{vmatrix} \tag{5-19}$$

3. Sobel 算子

Sobel 算子模板如图 5.18(c)所示，在 Prewitt 算子基础上，Sobel 算子对像素位置的影响做了加权，可以降低边缘模糊程度，因此效果更好。

$$f_x' = \begin{vmatrix} [f(x, -1, y-1) + 2f(x-1, y) + f(x-1, y+1)] \\ -[f(x+1, y-1) + 2f(x+1, y) + f(x+1, y+1)] \end{vmatrix} \tag{5-20}$$

$$f_{y'}' = \begin{vmatrix} [f(x-1, y-1) + 2f(x, y-1) + f(x+1, y-1)] \\ -[f(x-1, y+1) + 2f(x, y+1) + f(x+1, y+1)] \end{vmatrix} \tag{5-21}$$

Sobel 算子和 Prewitt 算子都是对图像进行差分和滤波运算，差别只是平滑部分的权值有些差异，因此对噪声具有一定的抑制能力，但不能完全排除检测结果中出现伪边缘。同时这两个算子边缘定位比较准确和完整。该类算子对灰度渐变和具有噪声的图像处理结果较好。

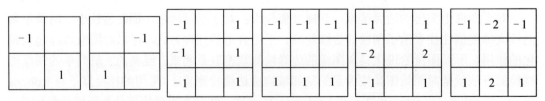

(a) Roberts算子　　　　(b) Prewitt算子　　　　(c) Sobel算子

图 5.18　梯度算子

4. Laplacian 算子

Laplacian 算子是二阶微分算子，即 $\nabla^2 f(x,y) = \dfrac{\partial^2 f(x,y)}{\partial x^2} + \dfrac{\partial^2 f(x,y)}{\partial y^2}$。对于离散数字图像，二阶偏导数可用二阶差分近似表示

$$\frac{\partial^2 f(x,y)}{\partial x^2} = f(x+1,y) + f(x-1,y) - 2f(x,y) \tag{5-22}$$

$$\frac{\partial^2 f(x,y)}{\partial y^2} = f(x,y+1) + f(x,y-1) - 2f(x,y) \tag{5-23}$$

可推出 Laplacian 算子的差分表达式为

$$\nabla^2 f(x,y) = f(x+1,y) + f(x-1,y) + f(x,y+1) + f(x,y-1) - 4f(x,y) \tag{5-24}$$

Laplacian 增强算子为

$$\begin{aligned}
g(x,y) &= f(x,y) - \nabla^2 f(x,y) \\
&= 5f(x,y) - [f(x+1,y) + f(x-1,y) + f(x,y+1) + f(x,y-1)]
\end{aligned} \tag{5-25}$$

Laplacian 算子及增强算子模板如下所示。

	1	
1	-4	1
	1	

	-1	
-1	5	-1
	-1	

Laplacian 算子为二阶微分算子，对图像中的阶跃状边缘点定位准确且具有旋转不变性，即无方向性，但是该算子容易丢失一部分边缘的方向信息，造成一些不连续的检测边缘，同时抗噪声能力比较差，所以往往和平滑算子结合起来应用。

图 5.19 显示了 4 种梯度算子对图像的边缘检测结果。其中 Laplacian 算子对图像细节的检测能力较好，所以在图像增强的应用中，使用 Laplacian 算子能达到更好的增强效果。

(a) 原图像

(b) Roberts 算子

(c) Prewitt 算子

(d) Sobel 算子

(e) Laplacian 算子

图 5.19 图像的边缘检测

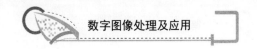

5.2　频域图像增强

卷积理论是频域技术的基础。设函数 $f(x, y)$ 与线性位不变算子 $h(x, y)$ 的卷积结果是 $g(x, y)$，即 $g(x, y) = h(x, y) * f(x, y)$，那么根据卷积定理在频域有

$$G(u,v) = H(u,v)F(u,v) \tag{5-26}$$

式中 $G(u, v)$、$H(u, v)$ 和 $F(u, v)$ 分别是 $g(x, y)$、$h(x, y)$ 和 $f(x, y)$ 的傅里叶变换；$H(u, v)$ 是传输函数。原图像是 $f(x, y)$，经傅里叶变换为 $F(u, v)$。频率域增强就是选择合适的滤波器 $H(u, v)$ 对 $F(u, v)$ 的频谱成分进行处理，然后经逆傅里叶变换得到增强的图像 $g(x, y)$。

频域增强技术常分为三个步骤进行：①计算图像的变换；②在频域滤波增强；③反变换回图像空间。

根据频域滤波增强转移函数 $H(u, v)$ 的形式，又常分为低通滤波、高通滤波、带通滤波、带阻滤波和同态滤波等不同的频域增强滤波器。

5.2.1　图像的低通滤波

图像中的边缘和噪声都对应图像傅里叶变换中的高频部分，所以如要在频域中削弱其影响就要设法减弱这部分频率的分量。根据频域增强技术的原理，需要选择一个合适的 $H(u, v)$ 以得到削弱 $F(u, v)$ 高频分量的 $G(u, v)$。所以采用低通滤波器 $H(u, v)$ 来抑制高频成分，通过低频成分，然后再进行逆傅里叶变换获得滤波图像，就可达到平滑图像的目的。常用的频率域低通滤波器 $H(u, v)$ 有以下 4 种。

1. 理想低通滤波器

设傅里叶平面上理想低通滤波器的截止频率为 D_0，则理想低通滤波器的传递函数为

$$H(u,v) = \begin{cases} 1 & D(u,v) \leqslant D_0 \\ 0 & D(u,v) > D_0 \end{cases} \tag{5-27}$$

式中 $D(u, v)$ 是从点 (u, v) 到频率平面原点的距离 $D(u,v) = \sqrt{u^2 + v^2}$。

理想低通滤波器传递函数 $H(u, v)$ 的一维剖面图和二维曲面图，如图 5.20 所示。

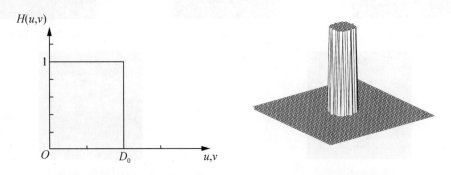

图 5.20　理想低通滤波器传递函数 $H(u, v)$ 的一维剖面图和二维曲面图

理想滤波器是指频率小于截止频率的信号可以完全不受影响地通过滤波器，而大于截止频率的则完全通不过。理想低通滤波器在数学上的定义很清楚，可用计算机模拟实现，但理想低通滤波器无法用实际的电子器件实现。

理想低通滤波器虽然是数学形式上最简单的滤波器，但是它的一大缺陷在于存在"抖动"现象。以一维理想低通滤波器为例，其转移函数为矩形波形，所对应的傅里叶反变换 $h(x)$ 为抽样函数，如图 5.21 所示。当输入 $f(x)$ 为单脉冲时，输出 $g(x)=h(x)*f(x)$，是一个振荡波形。二维图像的每个灰度值不为 0 的点都可看成是一个其值正比于该点灰度值的一个脉冲点，这样二维图像经过理想低通滤波器后，输出图像也存在振荡现象，使得滤波器输出图产生抖动模糊。

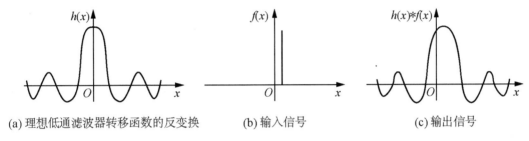

(a) 理想低通滤波器转移函数的反变换　　(b) 输入信号　　(c) 输出信号

图 5.21　一维理想低通滤波器的"抖动"

理想的低通滤波器滤除了含有大量边缘和细节信息的高频分量，所以在去噪声的同时也会导致图像边缘模糊。

2. Butterworth(巴特沃斯)低通滤波器

n 阶 Butterworth 滤波器的传递函数为

$$H(u,v) = \frac{1}{1 + \left[\dfrac{D(u,v)}{D_0}\right]^{2n}} \tag{5-28}$$

式中，n 为滤波器的阶数；截止频率 D_0 通常定义为 $H(u, v)$ 最大值下降到某个百分比的频率，例如 $H(u,v) = \dfrac{1}{2}$ 时，对应的频率。

巴特沃斯低通滤波器的特性是频谱成单调衰减，而不像理想滤波器那样陡峭变化，有明显的不连续性。巴特沃斯低通滤波器转移函数的衰减与阶数 n 有关，n 越大，衰减越迅速，当 n 趋近于无穷大时，巴特沃斯低通滤波器就成了理想低通滤波器。图 5.22 显示了不同阶数巴特沃斯低通滤波器的传递函数 $H(u, v)$ 的一维剖面图和二维曲面图。

巴特沃斯低通滤波器抑制噪声同时，图像边缘的模糊程度大大减小，没有振铃效应产生。

图 5.23 为相同截止频率下理想低通滤波器和 1 阶巴特沃斯滤波器效果比较，(a)为原始图像，(b)为原始图像的傅里叶频谱图，(c)为理想低通滤波结果，(d)为 1 阶巴特沃斯低通滤波结果。

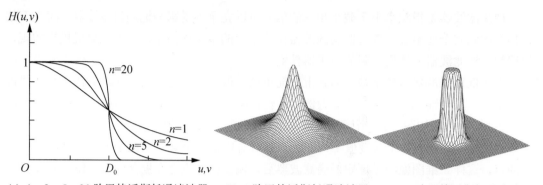

(a) 1、2、5、20 阶巴特沃斯低通滤波器   (b) 1 阶巴特沃斯低通滤波器   (c) 5 阶巴特沃斯低通滤波器

图 5.22　巴特沃斯低通滤波器的传递函数 $H(u, v)$ 的一维剖面图和二维曲面图

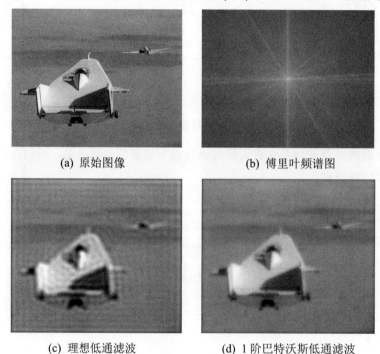

(a) 原始图像   (b) 傅里叶频谱图

(c) 理想低通滤波   (d) 1 阶巴特沃斯低通滤波

图 5.23　理想低通滤波器与巴特沃斯低通滤波器比较

3. 其他低通滤波器

(1) 指数低通滤波器是图像处理中常用的另一种平滑滤波器。它的传递函数为

$$H(u,v) = e^{[\frac{D(u,v)}{D_0}]^n} \tag{5-29}$$

式中，n 为滤波器的阶数，截止频率 D_0 通常定义为 $H(u, v)$ 最大值下降到某个百分比的频率，例如 $H(u,v) = 1/\sqrt{2}$ 时，对应的频率。当 $n=2$ 时，指数低通滤波器即成为高斯低通滤波器。

采用该滤波器滤波在抑制噪声的同时，图像边缘的模糊程度较用 Butterworth 滤波产生的大些，无明显的振铃效应。

(2) 梯形低通滤波器是理想低通滤波器和完全平滑滤波器的折中。它的传递函数为

$$H(u,v) = \begin{cases} 1 & D(u,v) < D_0 \\ \dfrac{D(u,v) - D_1}{D_0 - D_1} & D_0 \leqslant D(u,v) \leqslant D_1 \\ 0 & D(u,v) > D_1 \end{cases} \qquad (5\text{-}30)$$

它的性能介于理想低通滤波器和指数滤波器之间，滤波的图像有一定的模糊和振铃效应。

5.2.2 图像的高通滤波

图像的轮廓、细节是灰度陡然变化的部分，主要位于高频部分，而图像的模糊是由于高频成分比较弱产生的。频率域高通滤波就是为了消除模糊，突出边缘。因此采用高通滤波器让高频成分通过，使低频成分削弱，再经逆傅立叶变换得到边缘锐化的图像。常用的高通滤波器有以下几种。

1. 理想高通滤波器

二维理想高通滤波器的传递函数为

$$H(u,v) = \begin{cases} 0 & D(u,v) \leqslant D_0 \\ 1 & D(u,v) > D_0 \end{cases} \qquad (5\text{-}31)$$

2. 巴特沃斯高通滤波器

n 阶巴特沃斯高通滤波器的传递函数定义如下

$$H(u,v) = \dfrac{1}{1 + \left[\dfrac{D_0}{D(u,v)}\right]^{2n}} \qquad (5\text{-}32)$$

3. 其他高通滤波器

(1) 指数高通滤波器的传递函数为

$$H(u,v) = e^{-\left[\frac{D_0}{D(u,v)}\right]^n} \qquad (5\text{-}33)$$

(2) 梯形高通滤波器的定义为

$$H(u,v) = \begin{cases} 0 & D(u,v) < D_1 \\ \dfrac{D(u,v) - D_1}{D_0 - D_1} & D_1 \leqslant D(u,v) \leqslant D_0 \\ 1 & D(u,v) > D_0 \end{cases} \qquad (5\text{-}34)$$

4 种滤波函数的选用类似于低通。理想高通有明显振铃现象，即图像的边缘有抖动现象；Butterworth 高通滤波效果较好，但计算复杂，其优点是有少量低频通过，$H(u,v)$ 是渐变的，振铃现象不明显；指数高通效果比 Butterworth 差些，振铃现象不明显；梯形高通会产生微振铃效果，但计算简单，较常用。

4. 高频增强滤波器

高通滤波后的图像背景平均强度减小到接近于黑色，这是因为高通滤波器去除了零频和低频成分。如果把一定比例的原图像加到高通滤波后的结果中，可以在保留背景的基础上，使高频分量相对突出，使图像轮廓清晰。高频加强滤波器使高频分量相对突出，而低

频分量和甚高频分量则相对抑制。

设原始图像傅里叶变换为 $F(u, v)$，高通滤波所用传递函数为 $H(u, v)$，输出图像的傅里叶变换表达为

$$G(u, v) = H(u, v)F(u, v) \tag{5-35}$$

另高频增强滤波传输函数为

$$H_e(u, v) = kH(u, v) + c \tag{5-36}$$

将式(5-36)代入到式(5-35)，可得到高频增强滤波输出图的傅里叶变换

$$G_e(u, v) = kG(u, v) + cF(u, v) \tag{5-37}$$

再反变换到空间域有

$$g_e(x, y) = kg(x, y) + cf(x, y) \tag{5-38}$$

输出图像 $g_e(x, y)$ 既包含了一部分高通滤波的结果 $kg(x, y)$，又包含了一部分原始图像 $cf(x, y)$，所以是在原始的图像的基础上叠加了一些高频分量，增强了图像的高频成分。

图 5.24 显示了一个高频增强滤波的例子。其中，图(a)为原始图，图(b)为 1 阶巴特沃斯高通滤波结果，图像的边缘轮廓得到了清晰的呈现，但是由于低频成分的滤除，原图像中的背景和灰度值平滑区域的灰度动态范围大大压缩，图像更加黯淡。图(c)是高频增强滤波的结果，与图(b)相比，保留了一部分低频成分。图(d)是图(c)直方图均衡化后的结果，提升了图(c)的灰度动态范围，并且图像的边缘轮廓得到了强化，图像显得层次分明，重点突出。

(a) 原图像　　　　　　　　(b) 高通滤波图

(c) 高频增强滤波图　　　　(d) 对(c)直方图均衡化

图 5.24　图像的高通滤波和高频增强滤波

5.3 同 态 滤 波

图像的亮度一般反映成像场景中物体反射出的光。所以图像的亮度取决于两个因素：一是入射到场景的光量；一是场景中物体对入射光反射的比率。因此，图像的一个简化的成像模型是

$$f(x,y) = i(x,y)r(x,y) \qquad (5\text{-}39)$$

式中 $i(x,y)$ 是照度分量，由入射光决定，取值范围是 $(0,+\infty)$；$r(x,y)$ 是反射分量，由物体表面特性决定，取值范围是 $(0,1)$。

当入射光照射明暗不均时，在低照度的图像区域图像细节会难以辨认。同态滤波的目的就是消除不均匀照度的影响，同时不丢失图像细节。

同态滤波的过程如下所述。

(1) 对式(5.39)两边取对数，即

$$\ln f(x,y) = \ln i(x,y) + \ln r(x,y) \qquad (5\text{-}40)$$

取对数将两个函数的乘积运算转换为加法运算。两个函数的乘积的傅里叶变换是不可分的，而两个函数相加后的傅里叶变换也是相加的。

(2) 将上式两边取傅里叶变换，得

$$F(u,v) = I(u,v) + R(u,v) \qquad (5\text{-}41)$$

(3) 用频域增强函数 $H(u,v)$ 处理 $F(u,v)$

$$H(u,v)F(u,v) = H(u,v)I(u,v) + H(u,v)R(u,v) \qquad (5\text{-}42)$$

由于照度分量在空间的分布是缓慢变化的，而反射分量反映图像内容，特别是随不同物体的边缘在空间上作快速变化。因此在频域上，照度分量主要分布在低频区域，反射分量主要分布在高频区域。选取合适的增强函数 $H(u,v)$ 来削弱 $I(u,v)$，压缩 $i(x,y)$ 分量，消除不均匀光照；同时增强 $R(u,v)$，提升 $r(x,y)$ 分量，增强图像细节。$H(u,v)$ 需要对高低频分量采取不同的增加控制，这种 $H(u,v)$ 可用高通滤波器得传递函数来逼近，如图 5.25 所示。

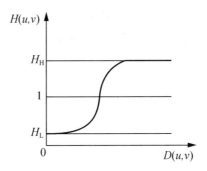

图 5.25 同态滤波器传递函数

(4) 将频域图像反变换到空域，有

$$h_f(x,y) = h_i(x,y) + h_r(x,y) \qquad (5\text{-}43)$$

(5) 将上式两边取指数，得到

$$g(x,y) = \exp\left| h_f(x,y) \right| = \exp\left| h_i(x,y) \right| \exp\left| h_r(x,y) \right| \tag{5-44}$$

因为第(1)步中对图像取了对数，所以进行相反的取指数操作能得到合适的增强后图像。

同态滤波消除图像的乘性噪声，能同时压缩图像的整体动态范围和增加图像中相邻区域间的对比度。

习　　题

一、简答题

1. 图像增强的目的是什么？
2. 直方图均衡化采用何种变换函数？什么情况下采用直方图均衡化来增强图像？
3. 什么是图像平滑？什么是图像锐化？
4. 图像均值滤波和中值滤波的方法有何异同点？

二、简单计算

1. 假定有一幅 8×8、灰度级为 8 的图像，其灰度直方图如图 5.26 所示，对它进行直方图均衡化，并画出处理后的直方图。

$$\begin{bmatrix} 1 & 5 & 2 & 2 & 3 & 3 & 3 & 2 \\ 2 & 2 & 5 & 2 & 3 & 2 & 2 & 1 \\ 4 & 7 & 4 & 7 & 1 & 1 & 1 & 4 \\ 2 & 7 & 5 & 1 & 3 & 3 & 5 & 1 \\ 4 & 7 & 1 & 4 & 3 & 4 & 3 & 1 \\ 2 & 7 & 1 & 5 & 3 & 5 & 3 & 1 \\ 2 & 4 & 1 & 4 & 3 & 7 & 3 & 1 \\ 2 & 1 & 1 & 4 & 3 & 5 & 3 & 4 \end{bmatrix}$$

图 5.26　习题简单计算图

2. 对以上图像进行 3×3 的中值滤波，写出处理后的图像。

三、编程实践

1. 自行采集一幅图像，加入椒盐噪声，分别利用 MATLAB 语言实现均值滤波、中值滤波进行去噪，分析并对比去噪效果。
2. 针对编程实践 1 中相同的图像加入高斯分布白噪声，分别利用 MATLAB 语言实现均值滤波、中值滤波进行去噪，分析并对比去噪效果。
3. 自行采集一幅图像，利用 MATLAB 实现图像的直方图均衡化。

第**6**章
图 像 复 原

摄像机聚焦不佳、物体与摄像机之间的相对移动、成像系统、传输介质和处理方法的不完善、随机大气湍流、成像光源和射线的散射以及噪声等各种因素的影响，均可导致图像质量的降低，称之为图像退化。如何改善图像质量并尽可能恢复原图像的真实面貌，被称为图像复原。根据图像降质过程的某些先验知识，如何在空间域和频域建立退化模型，采用各种逆退化处理方法改善图像质量是本章要解决的主要问题。

教 学 目 标

- 了解不同图像退化的原因及其造成的影响；
- 掌握常见退化函数模型及辨识方法；
- 掌握常用的图像复原原理方法；
- 理解图像的几何校正方法。

教 学 要 求

知 识 要 点	能 力 要 求	相 关 知 识
图像退化	(1) 了解图像退化的原因 (2) 掌握常见的图像退化模型及辨识方法	噪声的类型和对图像造成的影响
图像复原	(1) 了解常用的图像复原方法 (2) 掌握空间域和频域退化模型建立方法原理 (3) 掌握有约束和无约束复原方法基本原理	空间域与频域
图像的几何校正	(1) 了解几何失真的原因及数学表示 (2) 掌握图像空间坐标变换方法 (3) 掌握灰度插值方法	坐标变换
图像复原的应用	了解图像复原的主要应用领域	

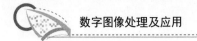

推荐阅读资料

[1] 陈德军. 图像复原技术及应用研究[D]. 重庆大学硕士研究生论文，2005.

[2] 沈峘，李舜酩，毛建国，辛江慧. 数字图像复原技术综述[J]. 中国图象图形学报，2009，14(9): 1764-1775.

[3] 段彩艳. 常见模糊类型图像复原的研究与实现[D]. 昆明理工大学硕士研究生论文，2009.

[4] 张红英，彭启琮. 数字图像修复技术综述[J]. 中国图象图形学报，2007，12(1): 1-10.

基本概念

图像退化(Image Degeneration)：由于各种原因，使得原清晰图像变模糊，或者原图像没有达到应有的质量而形成的降质图像。

图像复原(Image Restoration)：利用退化过程的先验知识，消除或减轻在图像获取及传输过程中造成的图像品质下降即退化现象，恢复图像的本来面目。

几何失真(Geometry Distortion)：图像在获取过程中，由于成像系统本身具有非线性、拍摄角度等因素的影响，产生的图像失真。

引例

神奇的图像复原技术(以下信息来源于南方网)

南方网讯：复原西汉贵妇图像后的中国刑事警察学院赵成文教授，一夜之间成了国内外瞩目的名人。

你能想象"马王堆老太太"儿时是什么模样吗？中国刑警学院教授赵成文为马王堆女尸制作的4张标准图，分别描绘了辛追50岁、30岁、18岁及6至7岁时的面相。在电脑屏幕上，沉睡了2200年的西汉长沙国丞相夫人"返老还童"了。如图6.1所示。

图6.1　复原辛追夫人面相(图片来源新华社)

赵成文教授利用的是"警星 CCK-3 型人像模拟组合系统"复原的马王堆西汉女尸面相。复原工作从(2002 年)4 月 5 日开始，历经 14 个昼夜得以完成，相似率在 90%以上。

6.1 图像的退化

6.1.1 图像退化的原因

典型的图像退化表现在图像模糊、失真、有噪声。造成图像退化的原因有很多,主要分成以下几类。

(1) 模拟图像数字化的过程中,由于空间像素位置和亮度值是有限的且不连续的,会损失部分细节,造成图像质量下降。

(2) 由成像系统的聚焦不准产生的散焦模糊。

(3) 拍摄时,相机与景物之间的相对运动产生的运动模糊,引起的模糊退化。

(4) 光学系统的衍射效应、大气扰动引起的图像高频损失,造成图像的模糊效应和分辨率的降低。

(5) 成像系统的像差、非线性畸变、有限带宽,以及成像系统中始终存在的随机噪声等造成的图像失真。

(6) 携带遥感仪器的飞行器运动的不稳定,以及地球自转等因素引起的照片几何失真。

几种退化图像

图 6.2 给出了以 Lena 图为例,几种常见的图像退化效果。从图 6.2(a)至(f)依次为原图像,因低量化等级、因低空间分辨率、散焦模糊、随机噪声模糊等原因产生的退化图像。

(a) 原图

(b) 低量化等级

(c) 低空间分辨率

(d) 散焦模糊

(e) 线性运动模糊

(f) 随机噪声

图 6.2 几种典型退化图像

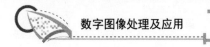

由图 6.2 可见退化的图像不仅影响图像的视觉效果，难以获取有效信息。

6.1.2　退化模型

图像复原(恢复)过程及其关键是根据图像降质过程的某些先验知识，建立"退化(降质)模型"，运用和退化相反的过程，将退化图像恢复。

提示

图像复原(恢复)与图像增强的异同点

相同点：图像增强与图像恢复都是改善图像的质量。

不同点：

(1) 图像复原是根据退化过程的先验知识，建立图像的退化模型，再采用与退化相反的过程来恢复图像，而图像增强无需对图像降质过程建立模型。

(2) 图像复原是针对图像整体，以改善图像的整体质量。而图像增强是针对图像的局部，以改善图像的局部特性，如图像的平滑和锐化。

(3) 图像复原主要是利用图像退化过程来恢复图像的本来面目，最终的结果必须有一个客观的评价准则。而图像增强主要是用各种技术来改善图像的视觉效果，以适应人的心理、生理需要，很少涉及统一的客观评价准则。

图像的退化由系统特性和噪声两部分引起。在这个模型中，若综合所有退化因素视为作用在输入图像 $f(x, y)$ 上的系统 H。仅考虑加性噪声 $\eta(x, y)$ 的联合作用导致产生退化图像 $g(x, y)$，此时图像的退化模型如图 6.3 虚线框中包含部分。退化图像与复原滤波器求卷积可以得到复原图像 $\hat{f}(x, y)$。

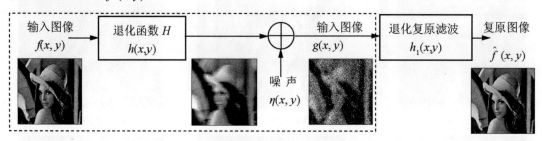

图 6.3　图像退化模型

实际的成像系统在一定条件下可以近似地看作是线性时不变系统，相应的数学表达式为

$$g(x, y) = h(x, y) * f(x, y) + \eta(x, y) \qquad (6\text{-}1)$$

若对公式(6.1)两边求二维傅里叶变换，则有

$$G(u, v) = H(u, v) F(u, v) + N(u, v) \qquad (6\text{-}2)$$

式中 $G(u, v)$，$F(u, v)$，$H(u, v)$，$N(u, v)$ 分别是 $g(x, y)$，$f(x, y)$，$h(x, y)$ 和 $\eta(x, y)$ 的二维傅里叶变换。从频率角度看，$H(u, v)$ 称为系统的传输函数，它使图像退化。对于退化模型可

以采用图像观察估计、试验估计、模型估计法得到。下面介绍几种退化模型的时域和频谱特性。

1. 直线运动图像退化模型

设原图像为 $f(x, y)$，运动模糊图像为 $g(x, y)$，运动方向与 x 轴方向夹角为 θ，T 为曝光时间，l 为移动的距离，则 t 时刻在 x 和 y 方向上的位移分别为 $x_0(t)=lt\cos\theta/T$ 和 $y_0(t)=lt\sin\theta/T$，则由于匀速直线运动造成的模糊图像为

$$g(x, y) = \int_0^T f[x - x_0(t), y - y_0(t)]\mathrm{d}t \tag{6-3}$$

它的傅里叶变换表示为

$$G(u, v) = F(u, v)\int_0^T \exp\{-j2\pi[ux_0(t) + vy_0(t)]\}\mathrm{d}t \tag{6-4}$$

相应的可以得到退化模型 $H(u, v)$

$$H(u, v) = \frac{\sin\{\pi[ul\cos\theta + vl\sin\theta]\}}{\pi[ul\cos\theta + vl\sin\theta]/T}\exp\{-j\pi[ul\cos\theta + vl\sin\theta]\} \tag{6-5}$$

图 6.4 给出模糊角度 $\theta=0°$ 和 $45°$ 相对移动像素距离 $l=10$ 和 20 的退化图像及其频谱，可以看出相对移动距离增加退化变得严重。当 l 变化时在二维频谱上表现为不同宽度的条纹。

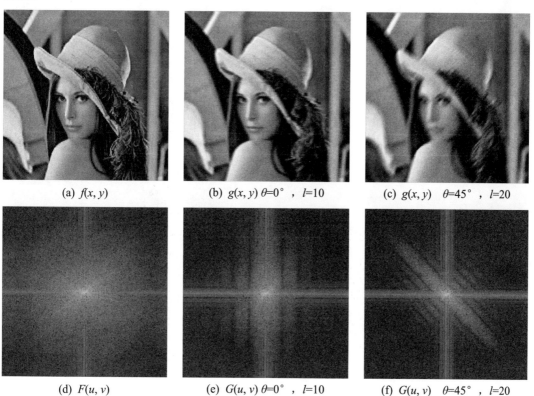

(a) $f(x, y)$　　　　　　　(b) $g(x, y)$ $\theta=0°$，$l=10$　　　　　(c) $g(x, y)$　$\theta=45°$，$l=20$

(d) $F(u, v)$　　　　　　　(e) $G(u, v)$ $\theta=0°$，$l=10$　　　　　(f) $G(u, v)$　$\theta=45°$，$l=20$

图 6.4　运动模糊图像与频谱

2. 散焦模糊

散焦模糊是由于图像聚焦不准造成的模糊类型，散焦模糊图像的点扩展函数(Point Spread Function，PSF)通常可以用圆盘模型来近似，对模糊图像的恢复实质是模糊半径的估计，半径为 R 的散焦模糊 PSF 模型为

$$h(x,y) = \begin{cases} \dfrac{1}{\pi R^2}, & \sqrt{x^2+y^2} \leqslant R \\ 0, & \sqrt{x^2+y^2} > R \end{cases} \tag{6-6}$$

它的傅里叶变换表示为

$$G(u,v) = 2\pi R^2 \frac{J_1(\rho R)}{\rho R}, \rho = \sqrt{u^2+v^2} \tag{6-7}$$

图 6.5 给出了模糊半径 $R=5$ 和 10 时退化图像空域和频域。从图 6.5(a)和图 6.5(b)可以看出模糊半径加大，图像退化严重，而频谱含有不同间距的同心圆。模糊半径加大，同心圆间距变小。图 6.5(c)为散焦模糊同时叠加了椒盐噪声的退化图像，由于散焦模糊产生的频谱特性被噪声掩盖。

(a) $g(x,y)$, $R=5$ (b) $g(x,y)$, $R=10$ (c) $g(x,y)$, $R=10$(叠加椒盐噪声)

(d) $G(u,v)$, $R=5$ (e) $G(u,v)$, $R=10$ (f) $G(u,v)$, $R=10$

图 6.5 散焦模糊图像与频谱

 小知识

对图像及其点扩散函数进行均匀采样就可以得到离散退化模型

$$g(m,n) = \sum_{i=0}^{N-1}\sum_{j=0}^{M-1}\sum f(i,j)h(n-i,m-j) + \eta(n,m)$$

相对于空域退化模型，在频域可利用 DFT 的快速算法 FFT 计算，以加速求解。DFT 变换公式如下：

$$\begin{cases} F(u,v) = \dfrac{1}{\sqrt{NM}}\sum_{n=0}^{N-1}\sum_{m=0}^{M-1} f(i,j)\exp\left[-j2\pi\left(\dfrac{nu}{N} + \dfrac{mv}{M}\right)\right] \\[2mm] H(u,v) = \dfrac{1}{\sqrt{NM}}\sum_{n=0}^{N-1}\sum_{m=0}^{M-1} h(i,j)\exp\left[-j2\pi\left(\dfrac{nu}{N} + \dfrac{mv}{M}\right)\right] \\[2mm] G(u,v) = \dfrac{1}{\sqrt{NM}}\sum_{n=0}^{N-1}\sum_{m=0}^{M-1} g(i,j)\exp\left[-j2\pi\left(\dfrac{nu}{N} + \dfrac{mv}{M}\right)\right] \end{cases}$$

 **几点说明**

退化过程被模型化成退化函数和加性噪声，而图像退化的原因非常复杂，为了处理简单，一般用线性系统近似。同样为了简单处理，噪声也是采用几类典型数学模型概括，并假设噪声独立于空间坐标，且与图像本身无关。数字图像的噪声主要来源于图像的获取(数字化过程)和传输过程，噪声是一种随机变量，主要采用概率分布密度函数(Probability Density Function，PDF)描述。几种常用的噪声模型如下。

(1) 高斯噪声。

也称正态噪声，这种噪声在空域和频域中处理方便，常被用于实践中。其概率分布密度函数如下

$$p(z) = \frac{1}{\sqrt{2\pi}\sigma}\exp\left[-\frac{(z-\mu)^2}{2\sigma^2}\right] \tag{6-8}$$

公式(6-8)中 z 表示图像的灰度值；μ 和 σ^2 分别表示均值和方差。当 $\mu=0$，$\sigma^2=0.2$ 和 2 时其函数曲线如图 6.6(a)所示，服从正态分布的随机变量的概率规律为取 μ 邻近概率大，而离 μ 越远概率越小；σ 越小，分布越集中在 μ 附近，σ 越大，分布越分散。

(2) 瑞利噪声。

瑞利分布一个均值为 0，方差为 σ^2 的平稳窄带高斯过程，瑞利分布是最常见的用于描述平坦衰落信号接收包络或独立多径分量接受包络统计时变特性的一种分布类型。概率分布密度函数如下：

$$p(z) = \begin{cases} \dfrac{2}{b}(z-a)\exp\left[-\dfrac{(z-a)^2}{b}\right] & z \geqslant a \\[2mm] 0 & z < a \end{cases} \tag{6-9}$$

概率密度的均值和方差分别为 $\mu = a + \sqrt{\dfrac{\pi b}{4}}$，$\sigma^2 = \dfrac{b(4-\pi)}{4}$，所以瑞利分布密度函数向右变形，所以瑞利密度分布对于近似偏移的直方图十分适用。当 $\mu=0$，$\sigma^2=0.2$ 和 2 时其函数曲线如图 6.6(b)所示。

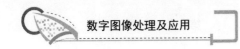

(3) 指数噪声。

指数噪声的概率分布密度函数由式(6-10)给出。

$$p(z) = \begin{cases} a\exp[-ax] & z \geqslant 0 \\ 0 & z < 0 \end{cases} \tag{6-10}$$

相应的该密度的均值和方差为 $\mu = \dfrac{1}{a}$，$\sigma^2 = \dfrac{1}{a^2}$。当 μ=0.2 和 2 时其函数曲线如图 6.6(c) 所示。

(4) 泊松噪声。

泊松噪声的概率分布密度函数由式(6-11)给出。

$$p(x) = e^{-\mu}\frac{\mu^k}{k!}, \quad k = 0,1,\cdots,n \tag{6-11}$$

当 μ=0.2 和 2 时其函数曲线如图 6.6(d)所示。

百度百科

医学领域中有很多稀有疾病(如肿瘤，交通事故等)资料都符合泊松(Poisson)分布，但应用中仍应注意要满足以下条件：①两类结果要相互对立；②n 次试验相互独立；③n 应很大，P 应很小。

(5) 均匀分布噪声。

均匀分布或称规则分布。均匀密度分布可能是在实践中描述得较少的，但是均匀概率密度可作为模拟随机数产生器的基础。均匀分布的噪声由式(6-12)给出。

$$p(z) = \begin{cases} \dfrac{1}{b-a} & a \leqslant z \leqslant b \\ 0 & \text{其他} \end{cases} \tag{6-12}$$

当 a= -3，b=3；a= -1，b=1 时其函数曲线如图 6.6(e)所示。

(6) 椒盐噪声。

椒盐噪声也称双极脉冲噪声，其概率分布函数为

$$p(z) = \begin{cases} a, & \text{以概率} p_1 \\ b, & \text{以概率} p_2 \\ 0, & \text{其他} \end{cases} \tag{6-13}$$

式中 a，b 为图像的最大和最小亮度值，通常取 255 和 0。若 $b>a$，则灰度值 b 在图像中表现为亮点，灰度值 a 表现为暗点。图 6.6(f)为 μ=0，σ^2=2 高斯噪声加椒盐噪声后的概率分布函数曲线。

百度百科

功率谱密度在整个频域内均匀分布，即所有频率具有相同能量的随机噪声称为白噪声如图 6.7 所示。从我们耳朵的频率响应听起来它是非常明亮的"咝"声(每高一个八度，频率就升高一倍。因此高频率区的能量也显著增强)。

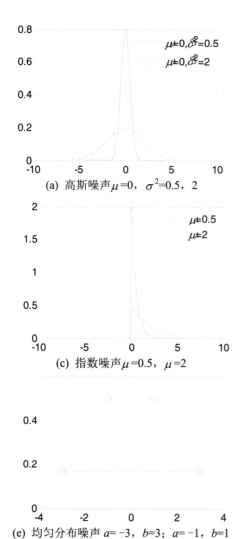

(a) 高斯噪声 $\mu=0$，$\sigma^2=0.5$，2

(c) 指数噪声 $\mu=0.5$，$\mu=2$

(e) 均匀分布噪声 $a=-3$，$b=3$；$a=-1$，$b=1$

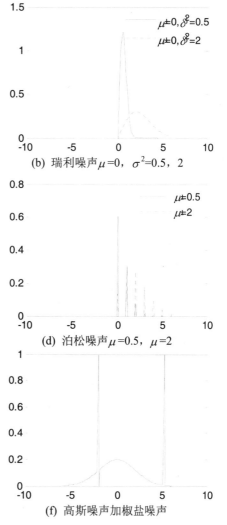

(b) 瑞利噪声 $\mu=0$，$\sigma^2=0.5$，2

(d) 泊松噪声 $\mu=0.5$，$\mu=2$

(f) 高斯噪声加椒盐噪声

图 6.6　不同噪声的概率分布密度

(a) 白噪声信号发生器

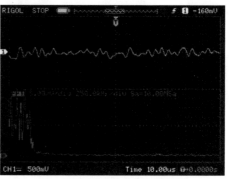

(b) 白噪声及低通滤波后频谱

图 6.7　白噪声

椒盐噪声是由图像传感器，传输信道，解码处理等产生的黑白相间的亮暗点噪声。椒盐噪声往往由图像切割引起。视觉上脉冲噪声类似于餐桌上的胡椒和食盐。盐=白色，椒=黑色。前者是高灰度噪声，后者属于低灰度噪声。一般两种噪声同时出现，呈现在图像上就是黑白杂点。

实际获得的图像含有的噪声，根据不同分类可将噪声进行不同的分类。从噪声的概率分情况来看，也可分为高斯噪声、瑞利噪声、泊松噪声、指数噪声、均匀噪声和椒盐噪声等。图像叠加不同的噪声时使图像产生降质。图 6.8 选择了一个只有 3 个灰度级的简单图像作为示例，不含噪声时，其灰度直方图非常简单，只有 3 个非零值，如图 6.8(a)、(b)所示。

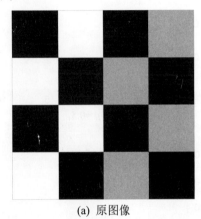
(a) 原图像

(b) 原图像直方图

图 6.8　原图像及其直方图

图 6.9(a)、(b)、(c)、(d)、(e)、(f)分别给出受不同噪声污染产生的退化图像，前几种噪声很难在视觉上进行区分，椒盐噪声是唯一能够在视觉上识别的退化。

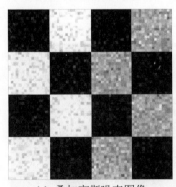
(a) 叠加高斯噪声图像

(b) 叠加瑞利噪声图像

(c) 叠加泊松噪声图像

图 6.9　叠加不同噪声退化图像

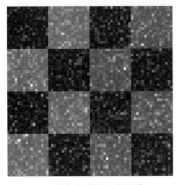  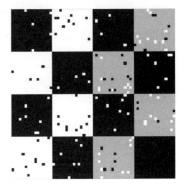

(d) 叠加指数噪声图像　　　　　　(e) 叠加均匀噪声图像　　　　　　(f) 叠加椒盐噪声图像

图 6.9　叠加不同噪声退化图像(续)

为了区分噪声模型，图 6.10 给出叠加不同噪声污染图像的直方图，可以看出它们的直方图有明显的区别。

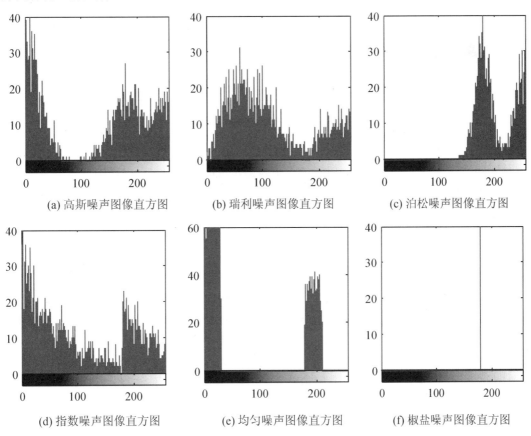

(a) 高斯噪声图像直方图　　　　　(b) 瑞利噪声图像直方图　　　　　(c) 泊松噪声图像直方图

(d) 指数噪声图像直方图　　　　　(e) 均匀噪声图像直方图　　　　　(f) 椒盐噪声图像直方图

图 6.10　叠加不同噪声退化图像直方图

以上所关心的空间噪声描述符是模型以及噪声分量灰度值的统计特性。它们被描述为

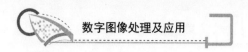

概率密度函数(PDF)表示的随机变量，也是在图像处理应用中最常见的 PDF，所以了解这些特性对于退化图像的恢复具有重要意义。

6.2　图像的复原

图像复原在航空航天、国防公安、生物医学、文物修复等领域具有广泛应用，常见的图像复原方法如图 6.11 所示。

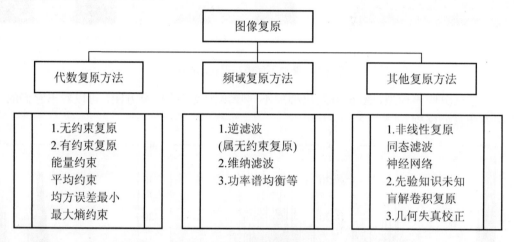

图 6.11　常用的图像复原方法

典型的图像复原是根据图像退化的先验知识建立退化模型，并以此模型为基础，采用各种方法进行恢复。所以图像复原的关键步骤是找出退化原因建立退化模型，而图像复原的精确程度体现在所建立的退化模型是否合适。

下面对具有代表性的 3 种复原方法详细介绍，即逆滤波法、维纳滤波法、有约束最小二乘法。

1. 逆滤波法

逆滤波法是无约束最小二乘法的频域解，也称反滤波法图像复原。它是无约束图像复原，即在求解过程中，不受任何其他条件的约束。对于线性时不变系统而言，公式(6-2)中 $H(u, v)$ 称为系统的传输函数。从频率域角度看，它使图像退化，因而反映了成像系统的性能。通常在无噪声的理想情况下，公式(6-2)可简化为

$$G(u,v) = H(u,v)F(u,v) \quad u = 0,1,\cdots,N-1; \; v = 0,1,\cdots,M-1 \tag{6-14}$$

则

$$\hat{F}(u,v) = \frac{G(u,v)}{H(u,v)} \tag{6-15}$$

式中 $1/H(u, v)$ 称为逆滤波器，对 $\hat{F}(u, v)$ 进行离散傅里叶反变换可得到恢复后的数字图像 $\hat{f}(n, m)$。逆滤波复原过程可归纳如下。

(1) 对退化图像 $g(n, m)$ 作二维离散傅里叶变换，得到 $G(u, v)$。

(2) 计算系统冲激响应 $h(n, m)$ 的二维傅里叶变换，得到 $H(u, v)$。

(3) 根据公式(6.14)计算 $\hat{F}(u, v)$。

(4) 计算 $\hat{F}(u, v)$ 的离散傅里叶反变换，求得 $\hat{f}(n, m)$。

逆滤波图像复原算法是在已知系统退化模型的情况下，对退化图像使用逆滤波算法进行复原，再对复原后的图像进行平滑处理，使其更接近于原始图像。图 6.12 为采用逆滤波法对图 6.4 和图 6.5 的模糊退化图像进行复原的结果。

(a) 图 6.4(b)复原后图像

(b) 图 6.4(c)复原后图像

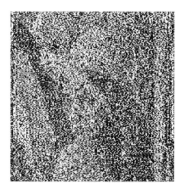

(c) 图 6.4(b)+椒盐噪声复原后图像

(d) 图 6.5(a)复原后图像

(e) 图 6.5(b)复原后图像

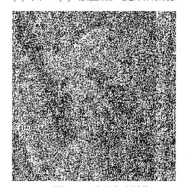

(f) 图 6.5(c)复原后图像

图 6.12　逆滤波复原图像

可见恢复后的图像存在较明显的振铃现象，通常为了消除振铃现象，可以采用逆滤波的改进算法。如常用的一种改进的逆滤波器为

$$P(u,v)=\begin{cases} k & |H(u,v)|\leqslant d \\ \dfrac{1}{H(u,v)} & 其他 \end{cases} \qquad (6\text{-}16)$$

式中 k 和 d 均为小于 1 的常数，而且 d 选得较小为好。

注意事项

公式(6-15)是忽略了噪声的条件下得到的结果。若 $H(u, v)$ 在 uv 平面上取零或很小，该项具有噪声放大作用，甚至会造成恢复出的图像面目全非。另一方面，噪声还会带来更严

重的问题。从图 6.12 也可以看出，对于加入运动模糊和噪声的退化图像直接应用逆滤波的结果显然不能令人满意。

逆滤波法是一种无约束恢复，具有模型简单容易实现的特点，但是受噪声影响较大。因此需要寻找一种最佳线性滤波器，当信号以及退化和噪声输入该滤波器时，在输出端能将信号尽可能精确地表现出来。实际系统中常常采用维纳滤波进行图像复原处理。维纳(Wiener)滤波是由维纳(N.Wiener)在 1942 年首次提出的，是对退化图像进行恢复处理的另一种常用算法，是一种基于最小二乘估计的有约束的恢复方法。

2. 维纳滤波

设 R_f 和 R_n 分别为原始数字图像 $f(n, m)$ 和噪声 $\eta(n, m)$ 的相关矩阵，即

$$R_f = E[f(n,m)f(n,m)^{\mathrm{T}}]; \ R_n = E[\eta(n,m)\eta(n,m)^{\mathrm{T}}] \tag{6-17}$$

则原始图像在最小均方误差准则下的最佳复原解为

$$\hat{f}(n,m) = (H^{\mathrm{T}}H + \gamma R_f^{-1}R_n)^{-1}H^{\mathrm{T}}g(n,m) \tag{6-18}$$

式(6.18)中 H 是 $N \times N$ 的分块循环矩阵，H_i 是右循环矩阵，如下所示。

$$H = \begin{bmatrix} H_0 & H_{N-1} & H_{N-2} & \cdots & H_1 \\ H_1 & H_0 & H_{N-1} & \cdots & H_2 \\ H_2 & H_1 & H_0 & \cdots & H_3 \\ \vdots & \vdots & \vdots & & \vdots \\ H_{N-1} & H_{N-2} & H_{N-3} & \cdots & H_0 \end{bmatrix} \quad H_i = \begin{bmatrix} h(i,0) & h(i,M-1) & \cdots & h(i,1) \\ h(i,1) & h(i,0) & \cdots & h(i,2) \\ \vdots & \vdots & & \vdots \\ h(i,M-1) & h(i,M-1) & \cdots & h(i,0) \end{bmatrix}$$

同样 R_f 和 R_n 也可以用分块循环矩阵表示。则 $f(n, m)$ 在频域上的最佳估计值为

$$\hat{F}(u,v) = \left\{ \frac{1}{H(u,v)} \frac{|H(u,v)|^2}{|H(u,v)|^2 + \gamma[S_n(u,v)/S_f(u,v)]} \right\} G(u,v) \tag{6-19}$$

公式(6-19)中 $S_f(u,v)$ 和 $S_n(u,v)$ 分别为原始图像 $f(n, m)$ 和噪声 $\eta(n, m)$ 的功率谱。

需要说明的是维纳滤波是有约束的图像复原方法。即除了已知退化系统的传递函数外，还需要了解噪声的统计特性或噪声与图像的相关情况。维纳滤波的先验假设是图像信号和噪声信号属于平稳随机过程，且噪声的均值为零，噪声和图像不相关。通过公式(6-19)可以看出以下几点。

(1) 当 $\gamma=1$ 时，该滤波器为标准的维纳滤波器。

(2) 当 $S_n(u,v)=0$ 时，滤波器等价于逆滤波器，所以逆滤波可以看成维纳滤波的一种特殊情况。

(3) 当 $S_n(u,v) \neq 0$ 时，维纳滤波器对噪声的放大具有抑制作用，即使 $H(u, v)$ 在 uv 平面上取零或很小也可以得到较好的恢复效果。

图 6.13 为采用维纳滤波法对图 6.4 和图 6.5 的模糊退化图像进行复原的结果。与图 6.13 相比较可以看出，即使在强噪声的情况下，维纳滤波器恢复图像的效果明显优于逆滤波法。

(a) 图 6.4(b)复原后图像　　　(b) 图 6.4(c)复原后图像　　　(c) 图 6.4(b)+椒盐噪声复原后图像

(d) 图 6.5(a)复原后图像　　　(e) 图 6.5(b)复原后图像　　　(f) 图 6.5(c)复原后图像

图 6.13　维纳滤波复原图像

维纳趣闻

诺伯特·维纳(1894—1964 年)发表的著名的《控制论》和《平稳时间序列的外推、内插和平滑问题》，从控制的观点揭示了动物与机器的共同的信息与控制规律，研究了用滤波和预测等方法，从被噪声湮没了的信号中提取有用信息的信号处理问题。维纳滤波理论是 20 世纪 40 年代在线性滤波理论方面所取得的最重要的成果。人们根据最大输出信噪比准则、统计检测准则以及其他最佳准则求得的最佳线性滤波器。实际上，在一定条件下，这些最佳滤波器与维纳滤波器是等价的。因而，讨论线性滤波器时，一般均以维纳滤波器作为参考，可以说维纳奠定了关于最佳滤波器研究的基础。

维纳，从小就智力超常，3 岁时就能读写，14 岁时就大学毕业了。几年后，他又通过了博士论文答辩，成为美国哈佛大学的科学博士。在博士学位的授予仪式上，执行主席看到一脸稚气的维纳，颇为惊讶，于是就当面询问他的年龄。维纳不愧为数学神童，他的回答十分巧妙："我今年岁数的立方是个 4 位数，岁数的 4 次方是个 6 位数，这两个数，刚好把 10 个数字 0、1、2、3、4、5、6、7、8、9 全都用上了，不重不漏。这意味着全体数字都向我俯首称臣，预祝我将来在数学领域里一定能干出一番惊天动地的大事业。" 维纳此言一出，四座皆惊，大家都被他的这道妙题深深地吸引住了。整个会场上的人，都在议论他的年龄问题。

维纳最有名的故事是有关搬家的事。一次维纳乔迁，妻子搬家前一天晚上再三提醒他。

她还找了一张便条，上面写着新居的地址，并用新居的房门钥匙换下旧房的钥匙。第二天维纳带着纸条和钥匙上班去了。白天恰有一人问他一个数学问题，维纳把答案写在那张纸条的背面递给人家。晚上维纳习惯性地回到旧居。他很吃惊，家里没人。从窗子望进去，家具也不见了。掏出钥匙开门，发现根本对不上齿。于是使劲拍了几下门，随后在院子里踱步。突然发现街上跑来一小女孩。维纳对她讲："小姑娘，我真不走运。我找不到家了，我的钥匙插不进去。"小女孩说道："爸爸，没错。妈妈让我来找你。"

有一次维纳的一个学生看见维纳正在邮局寄东西，很想自我介绍一番。在麻省理工学院真正能与维纳直接说上几句话、握握手，还是十分难得的。但这位学生不知道怎样接近他为好。这时，只见维纳来来回回踱着步，陷于沉思之中。这位学生更担心了，生怕打断了先生的思维，而损失了某个深刻的数学思想。但最终还是鼓足勇气，走近这个伟人："早上好，维纳教授！"维纳猛地一抬头，拍了一下前额，说道："对，维纳！"原来维纳正欲往邮签上写寄件人姓名，但忘记了自己的名字……。(转载于中国矿业大学理学院数学学科网络部)

维纳和他的著作如图 6.14 所示。

图 6.14　维纳和他的著作

图像在获取过程中，还有些退化是由于成像系统本身具有非线性、拍摄角度等因素的影响，会使获得的图像产生几何失真。当对图像作定量分析时，就要对失真的图像先进行精确的几何校正。下面的章节将就几何失真与校正问题展开讨论。

6.3 几何校正

6.3.1 几何失真

图像几何失真的原因，大体分为以下两类。

(1) 内部畸变。由传感器性能差异引起，主要有比例尺畸变、歪斜、中心移动、扭曲等。

(2) 外部畸变。由运载工具姿态变化和目标物引起，包括：由运载工具姿态变化(偏航、俯仰、滚动)引起的畸变，如因倾斜引起的投影畸变、地形起伏引起的畸变、比例尺变化等。

几种常见的几何失真如图 6.15 所示。

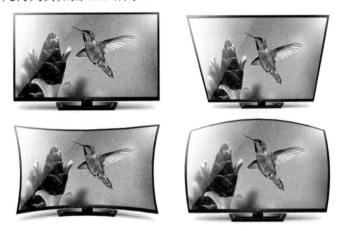

图 6.15 几何失真图像

6.3.2 几何失真数学表示

设 $f(n,m)$ 是无失真原始数字图像，$g(n',m')$ 是 $f(x,m)$ 产生畸变后的图像，则任何几何畸变都可以由非失真坐标系 (n,m) 变换到失真坐标系 (n',m') 的方程描述。

$$g(n',m') = \begin{cases} f(n,m) \\ n' = h_1(n,m) \\ m' = h_2(n,m) \end{cases} \tag{6-20}$$

从式(6-20)可以看出几何失真的复原问题实际上是映射变换的问题。在已知畸变图像的前提下，根据函数 $h_1(n,m)$ 和 $h_2(n,m)$ 先建立几何校正的数学模型，就可以进行图像的校正了。但是实际中 $h_1(n,m)$ 和 $h_2(n,m)$ 往往是未知的，所以一般采用后验校正法。通常 $h_1(n,m)$ 和 $h_2(n,m)$ 可用下面的多项式来近似

$$\begin{cases} n' = h_1(n,m) = \sum_{i=0}^{n}\sum_{j=0}^{n-i} a_{ij} n^i m^j \\ m' = h_2(n,m) = \sum_{i=0}^{n}\sum_{j=0}^{n-i} b_{ij} n^i m^j \end{cases} \tag{6-21}$$

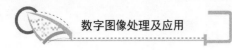

当 $n=1$ 时，畸变关系为线性变换。

$$\begin{cases} n' = a_{00} + a_{10}n + a_{01}m \\ m' = b_{00} + b_{10}n + b_{01}m \end{cases} \tag{6-22}$$

上述式子中包含 a_{00}、a_{10}、a_{01} 和 b_{00}、b_{10}、b_{01} 等 6 个未知数，至少需要 3 个已知点来建立方程式，才能解出未知数，若 n 增加，则需要更多的已知点坐标，情况比较复杂，难以求解。所以式(6-22)仅适合近似描述较小的畸变。式(6-22)所描述的线性关系是图像平移、旋转、镜像和缩放等通式。图像线性变换如图 6.16 所示。

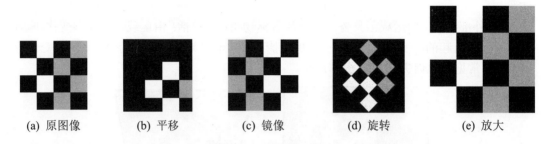

| (a) 原图像 | (b) 平移 | (c) 镜像 | (d) 旋转 | (e) 放大 |

图 6.16　图像线性变换

6.3.3　几何校正

对图像进行几何校正。通常分以下两步。

(1) 图像空间坐标变换：首先建立图像像素点坐标(行、列序号)和参考图对应点坐标间的映射关系，求解映射关系中的未知参数，然后根据映射关系对图像各个像素坐标进行校正。

(2) 确定各像素的灰度值(灰度内插)。

几何校正方法可分为直接法和间接法两种。

1. 直接法

已知畸变图像的若干点坐标，公式(6-21)做变换后，将 n 描述为 (n', m') 的多项式：

$$\begin{cases} n = h_1'(n', m') = \displaystyle\sum_{i=0}^{n}\sum_{j=0}^{n-i} a_{ij}' n'^i m'^j \\ m = h_2'(n', m') = \displaystyle\sum_{i=0}^{n}\sum_{j=0}^{n-i} b_{ij}' n'^i m'^j \end{cases} \tag{6-23}$$

然后从畸变图像出发，根据式(6-23)描述的关系依次计算每个像素的校正坐标，同时把像素灰度值赋予对应像素，这样生成一幅校正图像。但该图像像素分布是不规则的，会出现像素挤压、疏密不均等现象，不能满足要求。因此最后还需对不规则图像通过灰度内插生成规则的栅格图像，如图 6.17 所示。

2. 间接法

设进行几何恢复的图像像素在基准坐标系统为等距网格的交叉点，从网格交叉点的坐标 (n, m) 出发，根据公式(6-22)推算出各格网点在已知畸变图像上的坐标 (n', m')。此时求得的 (n', m') 一般不为整数，不能刚好落在像素网格点上，不能直接确定该点的灰度值，而只能由该像点在畸变图像的周围像素灰度值内插求出，将它作为对应像素(n, m)的灰度值，据此获得校正图像，如图 6.18 所示。

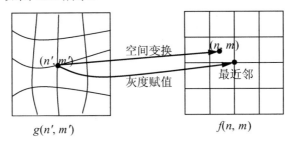

图 6.17　直接法几何校正

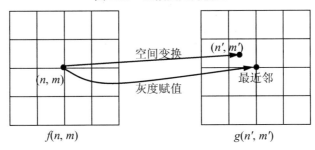

图 6.18　间接法几何校正

由于间接法内插灰度容易，所以一般采用间接法进行几何校正。

6.3.4　像素灰度内插

常用的像素灰度内插法有最近邻元插值(零阶插值)、双线性内插法和三次内插法。

"插值"最初是计算机的术语，现在引用到数码图像的处理上。即图像放大时，像素也相应地增加，增加的过程就是"插值"程序自动选择信息较好的像素作为增加的像素，而并非只使用临近的像素，所以在放大图像时，图像看上去会比较平滑、干净。不过需要说明的是插值并不能增加图像信息。通俗地讲插值的效果实际就是给一杯香浓的咖啡兑了一些白开水。

1. 最近邻插值

已知待求点的四邻像素，令变换后待插值点像素的灰度值等于距它最近的输入像素的灰度值。图 6.19 给出最近邻插值(Nearest Interpolation)对图像放大 2 倍的结果可以看出，该方法最简单但是不够精确，校正后的图像有明显锯齿状，即存在灰度不连续性。

2. 双线性插值

双线性插值(Bilinear Interpolation)是由两个变量的插值函数的线性插值扩展，其核心思想是在两个方向分别进行一次线性插值。假如我们想得到未知函数 f 在点 $P = (n', m')$

的值，已知$(n'=i+u, m'=j+v)$点的 4 个最近邻像素，灰度值分别为 $f(i,j)$, $f(j,j+1)$, $f(i+1,j)$, $f(i+1,j+1)$，如图 6.20 所示。双线性插值方法是首先在 x 方向进行线性插值，得到 R_1 和 R_2，然后在 y 方向进行线性插值，得到 P，这样就得到所要的结果 $f(n', m')$。图 6.20 给出双线性插值对图像放大 2 倍的结果可以看出，双线性插值效果其次，锯齿难以察觉，但是图像的边缘有轻微的模糊现象。

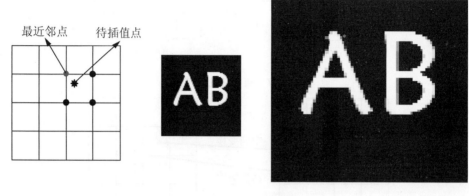

图 6.19　最近邻插值

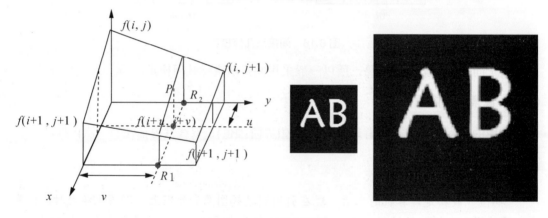

图 6.20　双线性插值

3. 三次样条插值

样条函数中最重要的一种函数。若函数 $S(x)$ 在区间[a, b]的每一分段$[x_{i-1}, x_i]$ $(i=s,2,\cdots,n)$上是三次多项式，而整条曲线及其斜率是连续的，便称它是定义在区间$[a,b]$上的三次样条函数(Cubic Spline Function)。图像的待求像素$(n'=i+u, m'=j+v)$的灰度其周围的 16 个点灰度值按规则加权和得到。图 6.21 给出三次样条插值(Cubic Spline Interpolation)对图像放大 2 倍的结果，该方法计算量大，但是插值精度高。

 百度百科

早期工程师制图时，把富有弹性的细长木条(所谓样条)用压铁固定在样点上，在其他地方让它自由弯曲，然后沿木条画下曲线，称为样条曲线。三次样条插值(简称 Spline 插值)是通过一系列形值点的一条光滑曲线,数学上通过求解三弯矩方程组得出曲线函数组的过程。

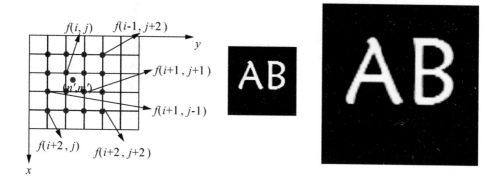

图 6.21 三次样条插值对图像放大 2 倍

提示

如何评断插值结果的好坏

标准 1: 放大图像的时候,边缘是否产生了锯齿,缩小图像的时候,是否有干扰条纹,边缘是否平滑。

标准 2: 边缘是否清晰。

标准 3: 过渡带细节是否具有很好的层次感。

习　　题

一、简答题

1. 什么是图像复原?图像复原和图像增强有什么区别?

2. 简述退化模型,当图像由于线性运动产生模糊,写出模糊角度 $\theta=0°$,模糊像素长度为 L 时的退化函数表达。

3. 简述逆滤波复原的基本原理,它存在的主要问题是什么?如何克服?

4. 图像的几何校正包括哪两个关键步骤?

5. 关于像素灰度插值除了书中给出的方法,你还知道有哪些常用的方法?它们各有什么优缺点?

二、简单计算

1. 已知某图像如图 6.22 所示,请写出其旋转 45° 后的结果。

2. 已知待计算点的坐标位置(28.2,29.3),如图 6.23 所示,其四邻域点像素值分别为 23,28,24,27,分别利用最近邻法和双线性变换法求出待计算点的像素值。

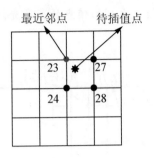

$$\begin{bmatrix} 3 & 9 & 2 & 4 \\ 7 & 2 & 2 & 2 \\ 5 & 2 & 2 & 2 \\ 4 & 2 & 2 & 2 \end{bmatrix}$$

图 6.22　习题简单计算图 1

图 6.23　习题简单计算图 2

三、编程实践

1. 利用 MATLAB 语言编程，给图像加入高斯噪声、泊松噪声、椒盐噪声，分析改变噪声参数图像的发生变化。

2. 利用 MATLAB 语言编程，给图像加线性运动模糊，分析改变噪声参数图像的发生变化。

3. 利用 MATLAB 语言编程，给图像加散焦模糊，分析改变噪声参数图像的发生变化。

4. 自行拍摄一张运动模糊图像像，利用 MATLAB 语言进行编程，分别用逆滤波法和维纳滤波器进行复原，并对复原结果进行评价和分析。

第 **7** 章
图像压缩与编码技术

在不同的图像质量要求下，通过寻求图像数据的更有效的表述方式，以便用最少的存储空间和带宽来表示和传输一幅图像的技术称之为图像压缩。图像的有效表示即是一种用更少的比特数来表示图像的一种编码方法，从而实现图像数据的压缩，因此，压缩和编码是相互统一的。有损压缩编码和无损压缩编码是图像压缩的两种类型，是本章关注的重点。

教 学 目 标

- 掌握图像压缩编码的理论；
- 掌握常见的无损压缩编码方法；
- 掌握常用的有损压缩编码方法；
- 了解图像压缩的几种国际标准。

教 学 要 求

知 识 要 点	能 力 要 求	相 关 知 识
理论基础	(1) 理解图像数据的冗余度 (2) 掌握主客观保真度准则 (3) 理解图像的编解码模型 (4) 掌握信息量和信源熵的计算	香农理论
无损压缩编码	(1) 掌握哈夫曼编码的原理 (2) 掌握算术编码的原理 (3) 掌握行程编码的原理	
有损压缩编码	(1) 理解预测编码方法 (2) 掌握DCT变换和小波变换编码方法	DCT变换，小波变换
压缩标准	了解图像压缩编码的几种国际标准	

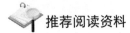

 推荐阅读资料

[1] 黄伟, 龚沛曾. 图像压缩中的几种编码方法[J]. 计算机应用研究, 2003, 20(8): 67-69.
[2] 张海燕, 王东木. 图像压缩技术[J]. 系统仿真学报, 2002, 14(7): 831-835.
[3] 李俊山, 李旭辉. 数字图像处理[M]. 2版. 北京: 清华大学出版社, 2007.
[4] 张德丰. MATLAB 数字图像处理[M]. 2版. 北京: 机械工业出版社, 2012.

基本概念

图像编码(Image Encoding): 是指在满足一定质量(信噪比的要求或主观评价得分)的条件下, 以较少比特数表示图像或图像中所包含信息的技术。

无损压缩(Lossless Compression): 利用图像数据的冗余进行压缩, 可完全恢复原始数据而不引起任何失真, 压缩率受冗余度的理论限制。

有损压缩(Lossy Compression): 利用人眼对图像中的某些频率成分不敏感的特性, 允许压缩过程中损失一定信息。不能完全恢复原始数据, 但所损失的部分对理解原始图像的影响较小。

引例

家庭数字电视技术(以下信息来源于网络)

数字电视, 是将传统的模拟电视信号经过抽样、量化和编码转换成用二进制数代表的数字式信号, 然后进行各种功能的处理、传输、存储和记录, 也可以用电子计算机进行处理、监测和控制, 如图 7.1 所示。采用数字技术不仅使各种电视设备获得比原有模拟式设备更高的技术性能, 而且还具有模拟技术不能达到的新功能, 使电视技术进入崭新时代。实际应用中, 将电视的视音频信号数字化后, 数据量很大, 非常不利于传输, 这就需要应用到图像压缩技术。

图 7.1 数字电视与数字机顶盒

7.1 图像编码理论基础

7.1.1 图像数据冗余

数字图像相邻像素或图像相邻帧之间存在较大的相关性, 根据信息论原理, 图像在空间上具有较大的冗余。另外，由于人眼分辨率的局限性，只能对敏感数据进行识别，并不需要获取全部的图像信息，而这些不能识别的部分构成了冗余，这些冗余也为图像压缩提供了可能。因此，数据冗余代表了无用的信息或重复表示其他已经表示的信息的数据。图像数据冗余类别主要包括以下 3 种。

(1) 编码冗余：与图像灰度分布的概率特性有关。如果一个图像的灰度级编码，使用了多于实际需要的编码符号，就称该图像包含了编码冗余。

(2) 像素相关冗余：主要指空间冗余、几何冗余。由于任何给定的像素值，原理上都可以通过它的相邻像素预测到，单个像素携带的信息相对较小。对于一个图像，很多单个像素对视觉的贡献是冗余的。

(3) 心理视觉冗余：是与主观感觉有关。

减少或消除其中的一种或多种冗余，就能取得数据压缩的效果。

实例

编码冗余实例：如果用 8 位表示图 7.2 的像素，则该图像存在着编码冗余，因为该图像的像素只有两个灰度，用一位即可表示。

图 7.2　编码冗余实例

实例

像素相关冗余：若某原图像灰度数据为：234，223，231，238，235。利用像素差对图像进行压缩后数据为：234，11，−8，−7，3，可以对一些接近于零的像素不进行存储，从而减小了数据量。

实例

由于一些信息在一般视觉处理中比其他信息的相对重要程度要小，这种信息就被称为视觉心理冗余。利用 8×8 的 DCT 算法对 Lena 图像进行压缩，对比原图和压缩后图像，通过视觉观察很难分辨两者之间存在视觉差，如图 7.3 所示。

(a)原图

(b) 8×8DCT 算法压缩后图像

图 7.3　心理视觉冗余实例

数据冗余是图像压缩中一个重要的衡量指标，压缩比和冗余度是其两个重要对比指标。设 n_1 和 n_2 分别表示同样信息的在压缩前后的数据量，则压缩比可以表示为

$$C_R = \frac{n_1}{n_2} \tag{7-1}$$

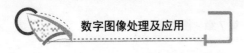

n_1 相对于 n_2 的冗余度可以以表示为

$$R_{\mathrm{D}} = \frac{n_1 - n_2}{n_1} = 1 - \frac{1}{C_{\mathrm{R}}} \tag{7-2}$$

式中，$C_{\mathrm{R}} \in (0, \infty)$，$R_{\mathrm{D}} \in (-\infty, 1)$。

根据 n_1 和 n_2 的数据量大小可以将压缩分为以下 3 种情况。

(1) 当 $n_1 = n_2$ 时，表示数据量既没有压缩也没有扩大。

(2) 当 $n_1 > n_2$ 时，表示数据量进行了压缩，压缩比可根据公式(7-1)计算。

(3) 当 $n_1 < n_2$ 时，表示数据量进行了扩大。

从信息论的角度看，压缩就是去掉数据信息中的冗余，即保留有用信息，去掉无用或多余的信息，用一种更接近信息本质的表达来代替原有的冗余表达。信息冗余是图像数据压缩的前提。

7.1.2 保真度准则

图像压缩必然带来数据信息的损失，所以对压缩后的图像进行解压缩所得到的图像也与原始图像不完全相同，这就需要一种对图像信息损失的程度进行度量的标准，保真度准则就是这样一种标准，常见的保真度准则分为客观保真度准则和主观保真度准则。

1. 客观保真度准则

假设 $f(x, y)$ 为原始图像，$\hat{f}(x, y)$ 为 $f(x, y)$ 压缩后解压的图像，则对任意的 $x \in [0, M-1]$，$y \in [0, N-1]$，$f(x, y)$ 和 $\hat{f}(x, y)$ 之间的误差 $e(x, y)$ 可记为

$$e(x, y) = \hat{f}(x, y) - f(x, y) \tag{7-3}$$

(1) $f(x, y)$ 与 $\hat{f}(x, y)$ 之间的均方根误差(Root Mean Square Error)e_{rms} 为

$$e_{\mathrm{rms}} = \left[\frac{1}{MN} \sum_{x=0}^{M-1} \sum_{y=0}^{N-1} \left(\hat{f}(x, y) - f(x, y) \right)^2 \right]^{1/2} \tag{7-4}$$

(2) $f(x, y)$ 与 $\hat{f}(x, y)$ 之间的均方根信噪比(Signal-to-Noise Ratio)SNR_{rms} 为

$$SNR_{\mathrm{rms}} = \left[\frac{\displaystyle\sum_{x=0}^{M-1} \sum_{y=0}^{N-1} \hat{f}(x, y)^2}{\displaystyle\sum_{x=0}^{M-1} \sum_{y=0}^{N-1} \left(\hat{f}(x, y) - f(x, y) \right)^2} \right]^{1/2} \tag{7-5}$$

(3) 设 $f_{\max} = \max\{f(x, y), m=0, 1, \cdots, M-1; n=0, 1, \cdots, N-1\}$，则 $f(x, y)$ 与 $\hat{f}(x, y)$ 之间的峰值信噪比(Peak Signal-to-Noise Ratio)$PSNR$ 为

$$PSNR = 10\lg \left[\frac{f_{\max}^2}{\displaystyle\sum_{x=0}^{M-1} \sum_{y=0}^{N-1} \left(\hat{f}(x, y) - f(x, y) \right)^2} \right] \tag{7-6}$$

通常，对于灰度图像来说 $f_{\max} = 255$。

2. 主观保真度准则

客观保真度准则给出的数值并不能代表人眼的感受，有时反而会出现偏差。由于图像是作为人的视觉感受试用，因此也需要采用主观的评判标准来进行评价，这就是主观保真度准则。观察者对解压缩图像的质量的评价可以采用打分的方法，也可以采用其他的评价方法。表 7-1 给出了一个常用的主观保真度评价准则的例子。

表 7-1　一种典型的主观保真度评价准则

评　　分	评 价 标 准	标 准 描 述
1	优秀	图像质量非常好，理想状态的视觉效果
2	良好	图像质量高，视觉效果好
3	可用	图像质量较好，视觉效果一般
4	勉强可用	图像质量较差，有一些干扰，但还可以观看
5	差	图像质量很差，较大干扰以致不能观看
6	不能用	图像质量极差，不能观看

小测试

你认为图 7.4 中哪一幅图像的质量最好？

图 7.4　图像质量主观感觉

7.1.3　图像编码模型

图像编码属于信号编码的一种情况，主要目的是有效完成图像数据的压缩，所以一个有效的图像编码系统模型也是由信道连接的编码器和解码器组成的，图 7.5 给出了编解码系统的模型。

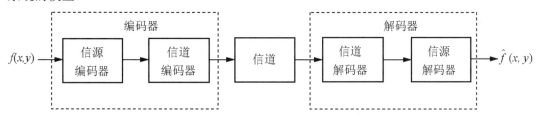

图 7.5　编解码系统模型

图像压缩主要是解决图 7.5 中的信源编码器问题。通过变换器将图像信号进行转换，然后使用量化器进行量化以去除一些不重要的数据，最后使用符号编码器进行编码。而在信源解码端，通过符号解码器和反变换器进行解码。图 7.6 给出了信源编码器和信源解码器的详细组成。

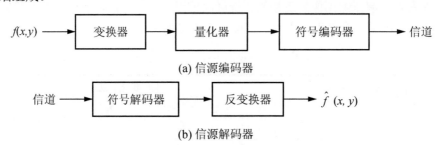

(a) 信源编码器

(b) 信源解码器

图 7.6　图像编解码系统模型

需要注意的是，图 7.6(a)中给出了图像信源编码的 3 步操作，但并不是所有的压缩都需要完整地实施这 3 步操作，比如无损压缩就不需要量化步骤。如果编码端出现量化步骤，则在 7.6(b)中由于缺少量化步骤的逆操作，因此就会导致不可逆的信息损失，此时的压缩就是有损压缩。

7.1.4　信息量与信源熵

图像信号可以看作是一个系数序列或者一个符号序列，这个序列中的所有元素就构成了信源。一个独立信源可由一个信源符号集合 X 和每一个符号出现的概率来描述，即

$$X = \{x_0, x_1, \cdots, x_n\} \tag{7-7}$$

$$P(X) = \{p(x_0), p(x_1), \cdots, p(x_n)\} \tag{7-8}$$

在这个独立信源中，每一个符号发生概率大小的意义是不同的，概率越大，则符号中包含的信息量越小，反之，则包含的信息量越大。信源符号中所有相互独立的符号的信息量之和构成了该信源的信息量。香农(Shannon)将信源符号的信息量定义为

$$I(x_i) = \frac{1}{\log_a P(x_i)} = -\log_a P(x_i) \tag{7-9}$$

式中，a 代表信息量的单位。当 $a=2$ 时，信息量用比特表示。

信源中每一个符号的平均信息量称为信源的熵，记为

$$H(X) = \sum_{i=0}^{n} P(x_i) \cdot I(x_i) = -\sum_{i=0}^{n} P(x_i) \cdot \log_2 P(x_i) \tag{7-10}$$

熵的单位是 b/s，表示每个符号的比特数。

小知识

熵的概念最早起源于物理学，用于度量一个热力学系统的无序程度。在信息论里面，熵是对不确定性的度量。在信息世界，熵越高，则能传输越多的信息；熵越低，则意味着传输的信息越少。

7.2　无损压缩编码

无损压缩编码在压缩后不会丢失信息，即对图像的压缩、编码、解码之后可以不失真地恢复原始图像，这种技术称为无损压缩编码。几种常见的无损压缩编码方法包括哈夫曼编码、算术编码、行程编码等。本节重点介绍以上几种编码方法。

7.2.1　哈夫曼编码

哈夫曼编码是消除编码冗余最常用的方法，假设信源符号集合 X=$\{x_0, x_1, \cdots, x_n\}$，每一个符号出现的概率为 P=$\{p(x_0), p(x_1), \cdots, p(x_n)\}$，则编码过程主要分为以下几步。

(1) 将 n 个概率值 P=$\{p(x_0), p(x_1), \cdots, p(x_n)\}$ 按照大小从上到下依次排序。

(2) 将最下端的两个概率(最小的两个概率)相加，相加之后的 $n-1$ 个值再进行从大到小排序。

(3) 重复步骤(2)，直到仅剩下两个概率值为止。

(4) 从右向左开始编码，每遇到分叉就在后面补位，补位的规则为：较大概率值所属的分叉补 0，较小的概率值所属的分叉补 1。

经过哈夫曼编码之后会形成一个码表，信息源中每一个符号都可以在码表中找到唯一码字，当编码端和解码端拥有同样的码表时，解码端只用根据码表即可没有损失地恢复出原始信息，实现无损压缩传输。

经过哈夫曼编码之后的码字平均长度与熵编码的码字平均长度十分接近，所以哈夫曼编码是一种最佳编码，是无损压缩中效率较高的一种编码方法。由于在编码过程中随机分配"0"和"1"，每一个码字都不相同，短码也不会成为更长码的起始部分，因此，哈夫曼编码是唯一可译码。尽管哈夫曼编码效率较高，但是它与计算机的数据结构不匹配，并且在缩减过程中需要多次排序，因此会耗费大量计算机资源。

【例题一】设有信息源符号集合 X=$\{x_0, x_1, x_2, x_3, x_4, x_5\}$，其概率分布分别为 $p(x_0)=0.1$，$p(x_1)=0.3$，$p(x_2)=0.1$，$p(x_3)=0.4$，$p(x_4)=0.04$，$p(x_5)=0.06$。求其哈夫曼编码 W=$\{w_0, w_1, w_2, w_3, w_4, w_5\}$。

解：编码过程如图 7.7 所示，由此得到各信源符号及其编码的对应关系见表 7-2。

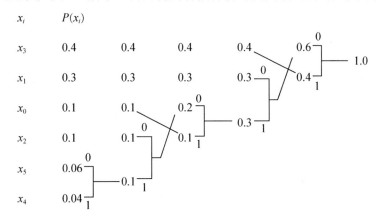

图 7.7　例题一的哈夫曼编码过程

表 7.2　例题一中的编码结果

信源符号 x_i	x_0	x_1	x_2	x_3	x_4	x_5
编码 w_i	011	00	0100	1	01011	01010

经过哈夫曼编码之后的码字平均长度为

$$\bar{L} = \sum_{i=0}^{5} P(x_i) \cdot l(w_i)$$
$$= 0.1 \times 3 + 0.3 \times 2 + 0.1 \times 4 + 0.4 \times 1 + 0.04 \times 5 + 0.06 \times 5 \qquad (7\text{-}11)$$
$$= 2.2(\text{bit})$$

根据式(7-10)计算的最佳编码的平均长度为

$$L = -\sum_{i=0}^{5} P(x_i) \cdot \log_2 P(x_i)$$
$$= -(0.1 \times \log_2 0.1\,0.3 \times \log_2 0.3 + 0.1 \times \log_2 0.1 + 0.4 \times \log_2 0.4 + 0.04 \times \log_2 0.04 + 0.06 \times \log_2 0.06)$$
$$= 2.14(\text{bit})$$

$$(7\text{-}12)$$

由此可见，经过哈夫曼编码之后的平均码字长度接近最佳熵编码的平均码字长度。

7.2.2　算术编码

算术编码采用比特数可变的方法来编码，它和哈夫曼编码一样都是变长编码。对于独立的信源，算术编码假设信源符号组成的长度为 N 的序列的发生概率之和等于 1，该符号序列被表示成实数 0 和 1 之间的一个区间，根据序列中每一个信源符号发生的概率将[0, 1]区间分割成互不重叠的子区间。符号序列在信源中发生的概率越小，所表示的子区间就越小，最后编码的码字长度就越长。算术编码的过程就是根据信源符号的概率对区间进行逐步划分的过程。

算术编码首先得到每个信源符号的概率大小，然后扫描符号序列，依次分割相应的空间，最后得到符号序列多对应的码字。具体步骤如下所示。

(1) 设定"当前区间"为[0, 1)。

(2) 对于符号序列中每一个符号，执行以下两步：①根据每一个符号发生的概率，将"当前区间"分割成若干子区间，每一个子区间的长度与每一个符号发生的概率大小成正比；②选择下一个符号所对应的子区间，并使其成为"当前区间"。

(3) 重复执行步骤(2)，直到整个符号序列处理完毕。

(4) 当符号序列处理完毕之后，在"当前区间"中任取一个数，该数即可表示该符号序列的算术编码。

算术编码用到两个基本的参数：信源符号的概率和它的编码间隔。信源符号的概率决定了压缩编码的效率，也决定了编码过程中信源符号的间隔。

算术编码与哈夫曼编码类似，但它比哈夫曼编码更加有效。哈夫曼编码对于一个信源符号必须要分配整数位的比特数，而算术编码可以分配带有小数的比特数目，因此更接近于压缩的理论极限。算术编码不需要码表，只需一次编码就可得到结果，比较适合于由相同序列组成的文件。

算数编码用一个单独浮点数来代替一串输入的符号，可以有效去除冗余，避免了特殊字符串编码中比特数必须取整数的问题，但是它存在着一定缺陷：一是当字符串较长时，很难在固定精度的计算机上完成无限精度的算术操作，这也是算术编码不能达到编码极限的关键因素；二是高复杂的计算量不利于实际应用。

 **注意问题**

(1) 算术编码对整个消息序列只产生一个码字，该码字是处于[0, 1)区间中一个多位精度的实数，因此译码端在未完全接收到码字时不能进行译码。

(2) 算术编码也是一种对错误很敏感的编码方法，只要出现一位错误，则会导致整个消息序列的译码失败。

【例题二】 假设字符串"ab_bc"中空格"_"、"a"、"b"、"c"出现的概率分别为 0.2、0.2、0.4、0.2，求该字符串的算术编码。

解： 算术编码的过程可用图 7.8 来表示，其具体步骤如下所示。

(1) 初始化区间[0, 1)，根据各个字符出现的概率将其分为四个不同的子区间[0, 0.2)、[0.2, 0.4)、[0.4, 0.8)、[0.8, 1.0)。

(2) 根据字符串中第一个字符"a"的概率，其对应的取值区间为[0.2, 0.4)，将其扩展为整个字符串的取值区间。

(3) 根据第二个字符"b"的概率，其对应的取值区间为[0.2, 0.4)中的[0.4, 0.8)，即[0.28, 0.36)，将该区间扩展为整个字符串的取值区间。

(4) 根据第三个字符空格"_"的概率，其对应的取值区间为[0.28, 0.36)中的[0, 0.2)，即[0.28, 0.296)，将该区间扩展为整个字符串的取值区间。

(5) 依次递推，第四个字符"b"的取值区间为[0.2864, 0.2928)，最后一个字符"c"的取值区间为[0.29152, 0.2928)。

(6) 区间[0.29152, 0.2928)内的任意一个实数都可以表示字符串"ab_bc"的算术编码的码字。

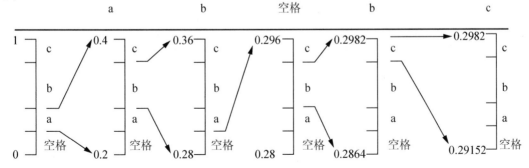

图 7.8　例题二中的算术编码过程

算术解码的过程比较简单，步骤如下所示。

(1) 假设取[0.29152, 0.2928)区间中的 0.29152 作为字符串 "ab_bc" 的算术编码的码字，根据码字所在范围确定第一个字符的输出，0.29152 处于[0.2, 0.4)之间，因此第一个字符为 "a"。

(2) 将 "a" 的取值下限 0.2 从码字 0.29152 中减掉，再除以字符 "a" 的取值区间宽度 (0.4-0.2)，得到新的码字 0.4576，0.4576 处于[0.4, 0.8)之间，由此确定第二个字符为 "b"。

(3) 重复步骤(1)和(2)，直到码字处理完毕。

7.2.3　行程编码

行程编码(Run Length Coding，RLC)是一种简单的编码技术，主要针对黑白二值图像的编码方法，常见于页面文字、工程图纸以及电路图等。行程编码的主要原理是将一个相同值的连续串用一个代表值和串长来表示。例如，字符串 "aaaacddbbbcaa" 经过行程编码之后的码字为 "4a1c2d3b1c2a"。对于图像来说，可以沿着具有相同灰度值的方向进行编码，相同灰度值延续的长度称为行程或游程。

行程编码分为定长行程编码和变长行程编码。定长行程编码是指编码的行程所使用的二进制位数固定，而变长行程编码中的行程所使用的二进制位数不固定。变长行程编码能够自适应地实现码字长度的变化，但需要增加标志位来表明所使用的二进制位数。

行程编码比较适合与黑白二值图像的压缩，当用于多灰度图像时一般会使压缩后的数据膨胀，为了达到较好的压缩效果，通常可以选择与其他一些编码方法结合，比如哈夫曼编码等。

图 7.9 给出了使用行程编码进行编码和解码的 Lena 图像，其中为压缩之前为 512×512 =262 144 字节，压缩之后为 466 406 字节，根据式(7-1)计算出压缩比为 0.562 1。

(a) 原始图像　　　　　　　　　　　　(b) 行程编码后的恢复图像

图 7.9　Lena 图像使用行程编码效果

说明

对于有大面积色块的图像，压缩效果很好(图 7.10(a))，对于纷杂的图像，压缩效果不好，最坏情况下(图像中每两个相邻点的颜色都不同，如图 7.10(b)所示)，会使数据量加倍，所以现在单纯采用行程编码的压缩算法用得并不多。

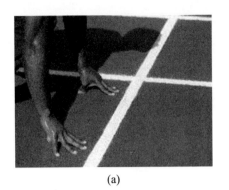

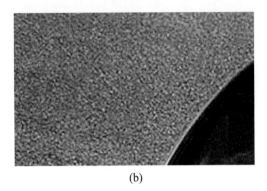

(a)　　　　　　　　　　　　　(b)

图 7.10　行程编码的不同压缩效果

7.3　有损压缩编码

根据无失真压缩编码可知，当编码的平均码字长度大于信源符号的信息熵时，可以实现无信息损失的解码。无失真压缩编码的压缩比比较低，为了提高压缩比，编码的平均码字长度必然要突破之前的限制，这也使得压缩必然会产生失真。对于消息接收者来说，如果接收到的解压图像在视觉上不影响视觉效果，那么这种失真就处于可容忍范围，通常称这种编码方法是有损压缩编码。

有损压缩编码包括两种常用的方法：预测编码和变换编码。下面就此两种方法进行介绍。

7.3.1　预测编码

图像像素之间存在高度的相关性，图 7.11 给出了图 7.9(a)中 Lena 图像的原始直方图以及分别在水平、垂直、对角线方向上做差分后图像的直方图，可以看出，图像像素在水平、垂直以及对角线方向都存在高度的相关性。

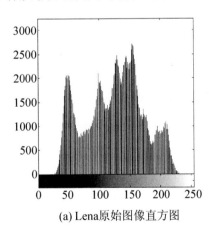

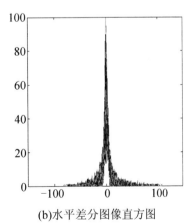

(a) Lena原始图像直方图　　　　　(b)水平差分图像直方图

图 7.11　原始图像与其差分图像的直方图对比

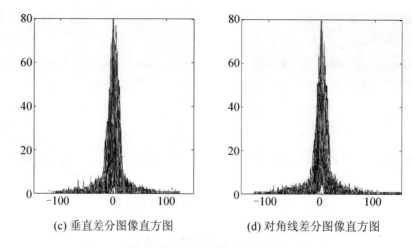

(c) 垂直差分图像直方图   (d) 对角线差分图像直方图

图 7.11　原始图像与其差分图像的直方图对比(续)

基于图像像素的相关性，某一像素 $f(x, y)$ 可以由邻近的若干像素来预测，设预测图像为 $\hat{f}(x, y)$，则预测误差可以表示为

$$e(i, j) = f(x, y) - \hat{f}(x, y) \tag{7-13}$$

由于各个相邻像素之间存在极强的相关性，因此预测误差很小。像素之间的相关性越强，误差就越小，预测就越准确。利用原图像与预测图像的差值来代替原始图像进行编码的方法称为预测编码(Predictive Coding)。

差分脉冲编码调制(Differential Pulse Code Modulation, DPCM)是预测编码中最具有代表性的方法。DPCM 编码算法简单，易于硬件实现，它的基本原理如图 7.12 所示，其中编码部分由量化器、预测器和编码器组成，解码部分由预测器和解码器组成。

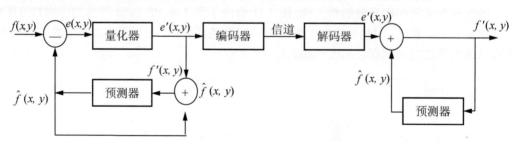

图 7.12　DPCM 编码与解码框图

根据图 7.12，编码器输出的不是图像的像素值 $f(x, y)$，而是该像素值与预测值 $\hat{f}(x, y)$ 之间的差值 $e(x, y)$ 的量化值 $e'(x, y)$。由于图像像素值 $f(x, y)$ 和预测值 $\hat{f}(x, y)$ 很接近，使得预测误差 $e(x, y)$ 大部分集中在零值附近，经过非均匀量化之后，一些冗余信息被去除，图像数据得到了压缩，同时保证了视觉质量没有明显下降。解码器与编码器原理刚好相反，将预测误差 $e'(x, y)$ 与预测值 $\hat{f}(x, y)$ 相加就得到了解码输出的像素值。输入的像素值 $f(x, y)$ 和解码输出的像素值 $f'(x, y)$ 存在一定差别，这是由编码端的量化器造成的。对预测误差 $e(x, y)$ 的量化幅度越大，压缩比越高，最终解码的图像的失真也越大。图 7.13 给出了 DPCM 编

解码的效果图，其中(b)、(c)、(d)、(e)、(f)的量化幅度依次递增，解码得到图像的视觉质量也呈下降趋势。

(a)　原始图像

(b)　解码图像(PSNR=46.08 dB)

(c)　解码图像(PSNR=43.30 dB)

(d)　解码图像(PSNR=32.59 dB)

(e)　解码图像(PSNR=26.47 dB)

(f)　解码图像(PSNR=21.41 dB)

图 7.13　DPCM 编解码效果图

编程提示：

```
Y1=ycbm(X);%X 为原始输入图像
Y=round(Y1/k);%k 为压缩参数
XX=ycjm(Y);%XX 为解码图像

function Y=ycbm(x,f)
%编码函数
%x,f 为预测系数
error(nargchk(1,2,nargin))
if nargin<2
    f=1;
end
x=double(x);
[m,n]=size(x);
p=zeros(m,n);
xs=x;
zc=zeros(m,1);
for j=1:length(f)
    xs=[zc,xs(:,1:end-1)];
```

```
    p=p+f(j)*xs;
end
Y=x-round(p);


function x=ycjm(Y,f)
%解码函数
error(nargchk(1,2,nargin));
if nargin<2
    f=1;
end
f=f(end:-1:1);
[m,n]=size(Y);
odr=length(f);
f=repmat(f,m,1);
x=zeros(m,n+odr);
for j=1:n
    jj=j+odr;
    x(:,jj)=Y(:,j)+round(sum(f(:,odr:-1:1).*x(:,(jj-1):-1:(jj-odr)),2));
end
x=x(:,odr+1:end);
```

7.3.2　变换编码

变换编码的基本思想是将空域中描述的图像数据经过某种变换(离散傅里叶变换、离散余弦变换、K-L 变换、小波变换等)转换到新的变换域中进行描述，在变换域中通过改变图像能量的分布来实现对图像信源数据的有效压缩。

变换编码的基本流程如图 7.14 所示，图像经过某种变换、量化和编码之后由信道传输给接收端，接收端进行解码、反量化以及逆变换，输出原始图像。

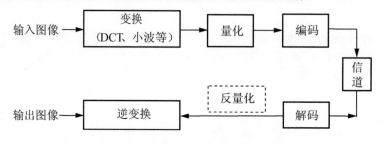

图 7.14　变换编码的编解与解码框图

图像数据经过变换之后，空域中的总能量在变换域中得到保存，但能量将会重新分布，通常会集中在少数变换系数上，通过量化步骤，一些能量较低的系数被量化或舍弃，只保存能量较高的系数，绝大部分信息被保留，通过逆变换得到视觉质量可以接收的解码图像。如果在解码之后增加与量化步骤相对应的反量化处理，则输出图像与原始图像一致，此时系统属于无损压缩编码。下面重点介绍两种变换编码方法：离散余弦变换(Discrete Cosine Transform，DCT)编码和小波变换(Wavelet Transform)编码。

1. DCT 变换编码

DCT 变换是先将整幅图像分成 $N×N(N$ 通常选 8 或 16)的块,然后对每块逐一进行 DCT 变换。由于大多数图像的高频分量较小,对应于变换之后的高频系数大多为零,利用人眼对高频分量不敏感的特点,采用不同量化步长将高频成分降低或去除,量化后的系数的码率远远小于量化之前,在接收端进行逆变换即可得到具有一定失真的压缩图像。

DCT 编码步骤如下所述。

(1) 子图像划分。将整幅图像分成 $N×N(N$ 通常选 8 或 16)的块。

(2) 正交变换。对每块逐一进行 DCT 变换对图像进行处理,可以使空域高度相关的像素值变成弱相关或不相关的系数。变换之后能量集中在低频区系数,高频区系数的能量较小。

(3) 系数量化。DCT 变换之后的系数是不相关的,利用量化使图像数据得到压缩,信息损失也在此步骤产生。

针对图像的某一分块,DCT 变换之后的系数仍然和变换之前的系数个数相同,因此严格意义上说,DCT 变换不能进行压缩,但正是由于利用了图像像素之间的相关性,按照人眼对低频分量和高频分量的设置不同采用不同的量化策略,削弱或舍弃了高频分量,使得大部分高频系数为零,极大降低了图像像素的码率,并且压缩后的图像在人眼接收的范围之内。图 7.15 给出了使用 DCT 变化进行压缩的效果图,调整量化步长可以得到不同失真程度的压缩图像。

(a) 原始图像

(b) 解码图像(PSNR=38.38dB)

(c) 解码图像(PSNR=34.34dB)

(d) 解码图像(PSNR=29.89dB)

(e) 解码图像(PSNR=27.34dB)

(f) 解码图像(PSNR=23.66dB)

图 7.15　DCT 变换编解码效果图

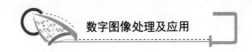

编程提示：

```
T=dctmtx(8);
%离散余弦变换
B=blkproc(I,[8,8],'P1*x*P2',T,T');%I 为原始图像
B2=blkproc(B,[8,8],'P1.*x',mask);%mask 为量化矩阵,不同的 mask 得到不同压缩率图像
I2=blkproc(B2,[8,8],'P1*x*P2',T',T);%I2 为解码图像
```

2. 小波变换编码

小波变换是由法国科学家 J. Morlet 在 1974 年首先提出，是继傅里叶变换之后又一经典的信号处理方法。小波变换编码的基本思想是利用小波变换将空域像素值转化为小波域上的系数，由于变换之后图像的绝大部分能量会集中在少量小波系数上，通过量化处理舍弃一些能量较低的系数，以达到图像压缩的目的。

虽然小波变换编码与 DCT 变换编码具有同样的编码思想，但本质上还是有一些不同，首先小波变换可以将信号分解到时域和频域两个方面，不会丢失信号的时域特性；其次在小波变换编码之后的解码图像中消除了传统变换存在的分块效应。另外，小波变换能结合图像特点选择合适的小波基，既能保证解压后的图像质量，还能提高压缩比。总之，小波变换编码在图像压缩领域具有广泛应用。

图像经过小波变换之后，绝大部分能量集中在低频系数上，根据人眼的适应特性，对不同的小波图像采用不同的量化和编码方法，可以得到较好的压缩效果。

小波变换编码的步骤如下所述。

(1) 利用离散小波变换将原始图像分解为 4 部分子图像：低频、行高频、列高频以及对角高频；

(2) 对得到的 4 个子图像，根据人眼的适应特性，采用不同的量化和编码策略进行处理。目的是保存低频信息，去除系数之间的相关性。

(3) 在接收方针对不同的编码方法采用不同解码方法。

(4) 小波变换还原原始图像。由于量化的不可逆，利用小波变换解码的图像只能是原始图像的近似，从这一点说，小波变换编码属于有损压缩编码。

小波变换编码的关键是量化处理，最简单的量化处理就是阈值量化，将选定的阈值之下的系数舍弃，只保留能量较大的小波系数。在这种方法下阈值的合适与否将决定解码图像的视觉质量，如果阈值太小，压缩效果不明显；阈值太大，压缩图像进行重构时会丢失很多细节，造成图像模糊。图 7.16 是利用小波变换编码对图像进行压缩的效果图。从图 7.16 中可以看出，第一次压缩提取的是小波分解的第一层低频信息，此时的压缩比约为 3：1，图像质量较好；第二次压缩则是提取的第二层低频信息，即在第一层低频信息的低频信息，此时压缩比约为 12：1，图像质量稍差。理论上，还可以提取小波分解的更高层的低频信息，以获得更高压缩比的图像，但图像质量会明显下降很多。

(a) 原始图像

(b) 第一层分解的低频和高频信息

(c) 第一次的压缩图像

(d) 第二层分解的低频和高频信息

(e) 第二次的压缩图像

图 7.16　小波变换编解码效果图

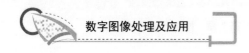

编程提示：

```
[lod,hid] = wfilters('haar','d');  %选择 haar 小波基
[c,s] = wavedec2(img,2,lod,hid);%img 为输入图像
a2 = appcoef2(c,s,'haar',2);
h2 = detcoef2('h',c,s,2);
v2 = detcoef2('v',c,s,2);
d2 = detcoef2('d',c,s,2);
wave = [a2,h2;v2,d2];

a1 = appcoef2(c,s,'haar',1);
h1 = detcoef2('h',c,s,1);
v1 = detcoef2('v',c,s,1);
d1 = detcoef2('d',c,s,1);

wave = imresize(wave,size(h1));
wave2 = [wave2, h1; v1, d1];%第二层分解
wave1 = [a1,h1;v1,d1];%第一层分解
```

小知识

图像的 DCT 变换、DFT 与 DWT 变换的共同点与区别

DCT 是离散余弦变换；DFT 是离散傅里叶变换；DWT 是离散小波变换。

共同点：三者都将空域的图像数据信息转换到频域中，即分离出图像的低频到高频成分。

区别：

(1) 图像的 DFT 变换 4 个角上的系数表示的是图像的低频组成部分，而中心则是图像的高频组成部分。为了更加直观更符合周期性的原理，通常利用 fftshift 函数将低频成分置于中心，而将高频成分置于四角。

(2) 图像的 DCT 变换从左上角到右下角，DCT 系数呈现能量逐步减弱的规律。图像信息的大部分集中于直流系数及其附近的低频频谱上，离 DC 系数越来越远的高频频谱几乎不含图像信息，甚至于只含杂波。显然，DCT 本身虽然没有压缩作用，若果用 z 字型排列，那么很多时候会出现很多个值为 0 的系数，这时候用 RLE 编码可以实现很高的压缩比。

(3) 小波变换将空间像素阵影射成能量分布紧凑的小波系数阵，占少数的大的小波系数代表了图像中最主要的能量成分，占多数的小的小波系数表示了一些不重要的细节分量，通过量化去除小系数多代表的细节分量，用很少的码字描述大系数所代表的主要能量成分，从而达到高的压缩比。

图 7.17 依次给出原图像、图像的 2D-DFT、图像的 DCT 以及图像小波变换的结果。

(a) 原始图像

(b) 2D-DFT 变换图像

(c) DCT 变换图像

(d) 小波变换图像

图 7.17 图像的各种变换对比示意图

7.4 压缩编码标准简介

7.4.1 JPEG 标准

JPEG 标准是联合专家小组(Joint Photographic Experts Group, JPEG)在 1991 年提出的连续色调静止图像的数字压缩编码标准，该标准是彩色静止图像压缩的国际标准。JPEG 系统是提供顺序处理的高效有损压缩编码。它对彩色图像采用 YUV 分量编码，每个分量的处理过程大致相同，主要有以下几步。

(1) 分块 DCT 变换。将图像的 Y、U、V 三个分量分为不重叠的 8×8 块，然后逐一进行 DCT 变换。

(2) 量化。对所有的 DCT 系数进行线性量化，量化步长可以随系数的变化而变化，并且 Y 分量和 UV 分量的量化步长可以不一致。表 7-3 和表 7-4 是给出了推荐的两个量化步长标准，它们是根据大量的视觉心理实验得出的。JPEG 的量化标准不是固定的，可以根据具体应用场合自行决定，或者在编码过程中根据需要自行调整。

(3) Zig-Zag 扫描和熵编码。对量化后的系数进行"Z"字形扫描，使连续的零出现的概率变大，以方便进一步的熵编码。

表 7-3 JPEG 量化步长标准矩阵(Y 分量)

17	18	24	47	66	99	99	99
18	21	26	66	99	99	99	99
24	26	56	99	99	99	99	99
47	66	99	99	99	99	99	99
99	99	99	99	99	99	99	99
99	99	99	99	99	99	99	99
99	99	99	99	99	99	99	99
99	99	99	99	99	99	99	99

表 7-4　JPEG 量化步长标准矩阵(UV 分量)

16	11	10	16	24	40	51	61
12	12	14	19	26	58	60	55
14	13	16	24	40	57	69	56
14	17	22	29	51	87	80	62
18	22	37	56	68	109	103	77
24	35	55	64	81	104	113	92
49	64	78	87	103	121	120	101
72	92	95	98	112	100	103	99

7.4.2　JPEG2000 标准

JPEG2000 标准是 2000 年公布的新一代静态图像压缩标准，具有更高压缩率和更多新功能，它的编码变换是以小波变换为主的多分辨编码方式。JPEG2000 标准采用了多项新的编码技术，首先，利用离散小波变换编码代替了 JPEG 标准中的 DCT 变换编码，可以在大范围内去除图像的相关性，将图像能量在变换域更好地集中起来，为较大压缩率提供可能；其次，由于使用了整数离散小波滤波器，使得在单一码流中可以同时实现有失真和无失真编码压缩；另外，使用均匀量化器实现嵌入式块编码(Embedded Block Coding，EBC)，提高了抗误码能力。

JPEG2000 标准已经逐渐取代了 JPEG 标准，广泛应用在互联网、数字摄影、遥感图像等方面。

7.4.3　H.26x 标准

H.26x 标准包括了两大主要标准：H.261 和 H.263，它们的出现主要是针对活动图像的编码压缩。颁布于 1990 年的 H.261 标准中建议了 $p \times 64$Kbps 视听业务的视频编解码器，其中 p 的范围为 1~30，该标准是世界上第一个有关视频编码的标准，其应用目标主要是针对会议电视盒可视电话等。

H.263 标准是在 H.261 基础上发展起来的，称为低码率图像编码国际标准，以混合编码为核心，并且支持更多原始图像分辨率。H.263 标准改进了编码算法和矢量预测算法，同时设置运动补偿精度为半个像素，因此在性能上要优于已有的 H.261 标准。

7.4.4　MPEG 标准

MPEG-1 标准是 ISO 的活动图像专家组(Moving Picture Exports Group，MPEG)于 1992 年颁布的，主要是为了满足对各种存储媒体上压缩音、视频的统一表示格式需要。MPEG-1 标准可以对 1.5Mbps 的存储媒体提供连续的、活动图像的编码表示，如 VCD(Video Compact Disc)以及计算机磁盘存储器等。MPEG-1 标准与 H.261 标准类似，但有两点不同，一是引入双向运动估计，提高了压缩率；二是对量化后的系数采用了二维的变长编码。

MPEG-2 是继 MPEG-1 标准之后的有一个国际标准，又称通用的活动图像及其伴音的编码，基本涵盖了 MPEG-1 标准中的所有功能，同时又增加了多项功能，比如引入编码的可分级性，提供了更多的图像预测和运动补偿方式等。

MPEG-4 即音视频对象编码，是 MPEG 于 2000 年颁布的第三个标准。在满足压缩技术需求的同时，还针对数字电视、交互式绘图应用、交互式多媒体应用等系统构成提出具体的标准。MPEG-4 规定了各种音、视频对象的编码，涵盖了包括图像、文字、2D/3D 图形以及合成语音等方面的应用。

习　　题

一、简答题

1. 什么是数据冗余？数据冗余和图像压缩有什么联系？
2. 客观保真度准则和主观保真度准则各有什么特点？
3. 简述无损压缩编码和有损压缩编码的异同。

二、简单计算

1. 设有信息源符号集合 $X = \{x_0, x_1, x_2, x_3, x_4, x_5\}$，其概率分布分别为 $p(x_0) = 0.3$，$p(x_1) = 0.2$，$p(x_2) = 0.1$，$p(x_3) = 0.3$，$p(x_4) = 0.07$，$p(x_5) = 0.03$。求其哈夫曼编码 $W = \{w_0, w_1, w_2, w_3, w_4, w_5\}$。

2. 信源符号集合中的 4 个符号 a_1, a_2, a_3, a_4 出现的概率分别为 0.2, 0.4, 0.2, 0.2，求符号序列 "$a_1 a_2\, a_2 a_3 a_4$" 的算数编码。

三、编程实践

1. 利用 MATLAB 语言编程，实现一幅图像的 DCT 变换编码，并计算解码图像的 PSNR 值。

2. 利用 MATLAB 语言编程，实现一幅图像的哈夫曼编码，并计算码长。

第 **8** 章
图 像 分 割

　　图像分割(Image Segmentation)是将图像分为一些有意义的区域，每一个区域内部的某种特性或特征相同或接近，经过分割区域能分别和图像景物中各目标物(或背景)相对应。然后提取出某些目标区域图像的特征，判断图像中是否有感兴趣的目标。图像分割的度量准则不是唯一的，它与应用场景图像及应用目的有关，用于图像分割的场景图像特征信息有亮度、色彩、纹理、结构、温度、频谱、运动、形状、位置、梯度和模型等。

教 学 目 标

- 了解图像分割的目的和作用；
- 掌握图像分割的基本概念和主要的图像分割方法；
- 了解图像分割的数学表示；
- 进一步理解图像分割的特点和应用。

教 学 要 求

知 识 要 点	能 力 要 求	相 关 知 识
图像分割的基本概念	(1) 掌握图像分割的目的和意义 (2) 掌握不同分割方法的特点和应用	图像特征；图像前景和背景
阈值分割	(1) 掌握确定阈值的方法 (2) 了解各种各样的阈值处理技术特点和优点	图像灰度直方图
区域分割	(1) 掌握区域生长和分裂合并方法及原理 (2) 了解分割过程后续步骤的处理方法	相似性准则；区域分裂和合并
边缘分割	(1) 掌握边缘提取的常用算法 (2) 掌握不同方法的特点	边缘检测
彩色图像分割基本原理	(1) 掌握彩色图像分割的基本原理 (2) 了解彩色图像分割的特点	

推荐阅读资料

[1] 赵志峰, 张尤赛. 医学图像分割综述[J]. 华东船舶工业学院学报, 2003:17(3): 43-48.

[2] 王磊, 段会川. Otsu 方法在多阈值图像分割中的应用[J]. 计算机工程与设计, 2008, 2(11): 2844-2846.

基本概念

区域分割(Region Segmentation): 根据需要将图像划分为若干个特定的、具有独特性质的区域, 并提取出感兴趣目标的图像处理技术。

区域生长(Region Growing): 是指将成组的像素或区域发展成更大区域的过程。区域增长是从种子点的集合开始, 通过将与每个种子点有相似属性如强度、灰度级、纹理颜色等的相邻像素通过迭代合并到此区域。

阈值分割(Threshold Segmentation): 阈值分割法是一种基于区域的图像分割技术。图像阈值化的目的是要按照灰度级, 对像素集合进行划分, 得到的每个子集对应不同区域, 各个区域内部具有一致的属性。

边缘分割(Edge Segmentation): 边缘检测是图像分割的一种重要途径, 即检测灰度级或者结构具有突变的地方, 表明一个区域的终结, 也是另一个区域开始的地方, 这种不连续性称为边缘。图像灰度不同, 边界处一般情况下会有明显的边缘, 利用此特征可以分割图像。

引例

应用广泛的图像分割(以指纹识别为例)

图像分割算法的研究已有几十年的历史, 借助各种理论至今已提出了各种类型的分割算法。尽管人们在图像分割方面做了许多研究工作。但现已提出的分割算法大都是针对具体问题, 尚无通用分割理论, 因此, 并没有一种适合于所有图像的通用的分割算法。现有的指纹采集有光学指纹采集器、热敏式传感器、生物射频指纹识别技术, 图 8.1 为微软电脑登录指纹仪, 利用指纹识别技术, 自动身份确认, 它取消了繁多的密码输入, 可以轻松实现计算机及网络登录。

图 8.1 微软计算机登录指纹仪

众所周知，每个人的手指上，都有花纹各异的"图案"，这就是指纹。指纹是胎儿出生前一个月左右时形成的，此后指纹终身不变，即使因刀伤、火烫或化学腐蚀而表皮受损，新生的皮肤上仍是原来的指纹。既然指纹因人而异，所以，各国都有过用指纹代替图章或签字的历史。一般情况指纹分为 3 类：箕型，纹线类似于春箕，一边开口；斗型，由许多同心圆或螺旋形纹线组成；另一种是弓型。每个人的指纹都不一样，世界上还找不出指纹完全相同的两个人。由于不同人的指纹的纹路拥有不同的起点、终点、结合点、分叉点，正是因为这些区别，也就成为区分生物细节特征最显著的标志。图 8.2 为 3 种常见指纹。

图 8.2 指纹分类(箕型、弓型、斗型)

指纹识别技术是一种生物识别技术，如指纹识别记录考勤；指纹识别功能的门禁系统；银行内部、支付系统采用安全级别更高的指纹识别认证；公安部门借助指纹来办案取证等。近几年，指纹图像的分割为目标分离、特征提取和特征参数的定量测量提供了基础和前提条件，使得更高层的身份图像理解和识别成为可能。指纹识别系统可以分为图像采集模块、图像预处理、特征提取和识别模块以及输出模块 3 部分组成，如图 8.3 所示。

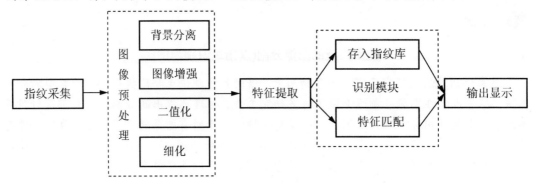

图 8.3 指纹识别系统

在预处理模块中，图像分割是指纹识别系统必不可少的关键步骤，如图 8.4 所示。

图 8.4 依次为原图、二值化后图像、细化图像

8.1 图像分割概述

8.1.1 图像分割的数学描述与含义

(1) 若 R 代表整个图像区域，图像能够分成 n 个非空子集或区域，所有子集 R_i($i=1, 2, \cdots,$ n)构成图像；即分割所得到的全部子区域的总和(并集)$\bigcup\limits_{i=1}^{n} R_i$ 应能包括图像中所有像素。

(2) 分割后各子集不重叠，即对所有的 i、j，当 $i \neq j$ 时，有 $R_i \bigcap R_j = 0$。

(3) 每个子集中的像素有某种共同的属性，对 $i=1, 2, \cdots, n$，$P(R_i)$ = TURE。

(4) 不同的子集属性不同，即若 $i \neq j$ 时，$P(R_i \bigcup R_j)$ = FALSE。

(5) 每个子集中的所有像素应该是连通的，即 $i=1, 2, \cdots n$，R_i 是连通的区域，其中 $P(R_i)$ 是对所有在集合 R_i 中元素。

对于给定的一幅含有多个物体的数字图像，其分割的基本过程如图 8.5 所示。

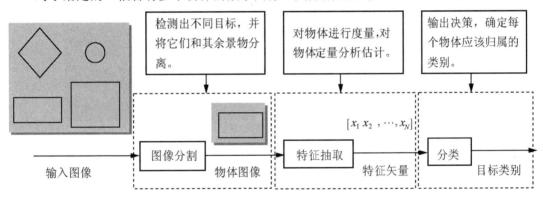

图 8.5 图像分割的基本过程

图像分割的目的是简化或改变图像的表示形式，使得图像更容易理解和分析。对图像分割算法的研究已有几十年的历史。目前，对于图像分割问题没有统一的解决方法，现已提出的分割算法大都是针对具体问题的，并没有一种适合于所有图像的通用的分割算法。这一技术通常要与相关领域的知识结合起来，这样才能更有效地解决该领域中的图像分割问题。

8.1.2 图像分割的方法及应用

(1) 常用的分割方法主要包括以下几种。

① 基于阈值的分割方法。

② 基于边缘提取的分割方法。

③ 基于区域的分割方法，包括区域生长和区域分裂合并。

④ 基于聚类和模糊集分析的图像分割方法。

⑤ 基于小波变换的分割方法。

⑥ 基于神经网络的分割方法等。

(2) 图像分割在实际中的应用有以下几种。

① 医学图像处理，医疗诊断。

② 在卫星图像中定位物体(道路、森林等)。

③ 人脸识别。

④ 指纹识别。

⑤ 交通控制系统。

你知道吗？

图像分割起源于电影行业，把任意形状的前景物体从图像中分割出来，已经成为影视特效等多媒体制作中不可或缺的关键技术，具有巨大商业价值。区域生长是一种古老的图像分割方法，最早的区域生长图像分割方法是由 Levine 等人提出的。图 8.6 来源于中国文化传媒网。

图 8.6   2012：中国电影喜与忧

8.2   阈 值 分 割

8.2.1   图像阈值分割基本原理

阈值分割是一种传统的最常用的图像分割方法，因其实现简单、计算量小、性能较稳定而成为图像分割中最基本和应用最广泛的分割技术。它特别适用于目标和背景占据不同灰度级范围的图像。它不仅可以极大地压缩数据量，而且也大大简化了分析和处理步骤。图像阈值分割基本步骤是以下几步。

(1) 读取图像，若为彩色图像则转换为灰度图像。

(2) 通过设定不同的特征阈值，把图像像素点分为若干类。

(3) 将分割阈值与像素值比较划分像素，对图像进行二值化处理。

8.2.2   阈值分割的分类

1. 基于全局的单阈值方法

设原始灰度图像为 $f(x, y)$，按照一定的准则阈值 T，将图像分割为两个部分，分割后的图像为：$b_0 = 0$(黑)，$b_1 = 1$(白)，即图像二值化。利用单阈值分割图像 $g(x, y)$可定义如下公式表示。

$$\begin{cases} g(x,y) = 1, & f(x,y) > T \\ g(x,y) = 0, & f(x,y) < T \end{cases} \tag{8-1}$$

当图像直方图呈现双峰并且有明显的谷值时，可以选取直方图法来确定分割阈值分割目标和背景，此时，可以将谷底点所对应的灰度值作为阈值 T。图 8.7 给出全阈值分割方法针对 rice.png 图像进行分割，阈值分别选取 150 和 200 的结果。

(a) 原图像　　　　　　　(b) 阈值 T=150　　　　　　(c)阈值 T=200

图 8.7　不同阈值分割结果

提示

图像阈值分割之全局阈值(适合图像直方图有明显波谷)。图 8.7(a)图的直方图如图 8.8 所示，所以阈值选取 T=150 时位于波谷，分割效果比较理想，而当 T=200 不能实现有效的分割。

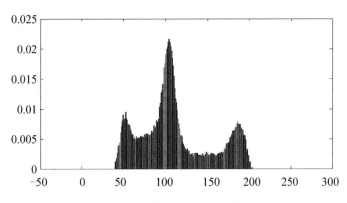

图 8.8　图像 rice.png 的直方图

为选取最佳单阈值，可以采用最大熵法，该方法的核心思想是使选择阈值 T 分割图像，使目标区域和背景区域两部分灰度统计的信息量为最大。步骤如下所述。

(1) 设灰度 i 出现的概率为

$$p_i, \quad i \in \{0, 1, \cdots, L\}, \sum_{i=0}^{L} p_i = 1$$

(2) 设分割阈值为 T，则灰度级低于 T 的像素点构成目标区域 O，高于 T 的像素构成背景区域 B。

(3) 计算目标区域 O 的灰度概率分布：

$$P_O = p_i / p_t, i = 0,1,\cdots,T$$

(4) 计算背景区域 B 的灰度概率分布：

$$P_B = p_i / (1 - p_t), i = T+1, T+2, \cdots, L$$

(5) 计算图像目标区域和背景区域熵：

$$
\begin{cases}
H_O = -\sum_{i=0}^{T} P_O \ln P_O (i = 0,1,\cdots,t) \\
H_B = -\sum_{i=T+1}^{L} P_B \ln P_B (i = t+1, t+2, \cdots, L)
\end{cases}
$$

(6) 由目标区域和背景区域熵计算熵函数：$\phi(T) = H_O + H_B$，当熵函数取最大值时，对应的灰度值 T 就是所求的最佳阈值。

图 8.9(a)给出 rice.png 图像利用最大熵法计算得到的最佳阈值 $T=126$。

2. 基于局部的单阈值方法

在局部单阈值分割方法中，原始图像被划分为不同的子图像，再对子图像分别求出最优分割阈值。经典的局部阈值分割的基本步骤为以下几步。

(1) 将尺寸为 $m \times n$ 的图像划分为 $M \times N$ 个子块，m 和 n 分别为 M 和 N 的整数倍。

(2) 计算每个子图像的灰度直方图。

(3) 对每幅图像进行最优阈值的计算，完成图像分割。

(4) 将各个块结果合并，输出全局图像的分割结果。

图 8.9(b)是将 rice.png 图像利用局部阈值法分割结果。

3. 多阈值方法

阈值分割将图像分割成为多个目标区域和背景，为区分目标，还要对各个区域进行标记。经典的 Otsu 算法(又称为最大类间方差法)，应用最大律法查找使类间方差最大的点，在单阈值图像分割上具有良好的性能，但是当图像中有多个目标，需要在整个灰度值区间反复搜索查找，多个阈值查找时计算量大大增加。近年来研究者从不同角度对其进行了推广和改进实现了快速多阈值算法，基于 Otsu 算法的多阈值分割步骤如下所述。

(1) 假设灰度图像 $f(x,y)$ 具有 L 个灰度级，其中第 i 级像素为 N_i 个，则图像总的像素数 $N = \sum_{i=0}^{L-1} N_i$。

(2) 计算第 i 级像素出现的概率

$$p_i = N_i / N。$$

(3) 设定阈值 T 将图像分成目标和背景两大类，两个分类中包含像素的灰度分别为 $0 \sim k$ 和 $k+1 \sim L-1$。

(4) 计算图像总的平均灰度

$$H_1 = \sum_{i=0}^{L-1} ip_i$$

(5) 计算目标和背景区域的平均灰度级分别为：

$$H_O(k) = \sum_{i=0}^{k} ip_i , \quad H_B(k) = H_1 - H_O(k)$$

(6) 令 $\omega_0 = \sum_{i=0}^{k} p_i , \omega_B = 1 - \sum_{i=0}^{k} p_i = 1 - \omega_0$ 且 $\mu_0 = H_O(k)/\omega_0$; $\mu_B = H_B(k)/\omega_B$

(7) 得到类间方差定义为：

$$\sigma_k^2 = \omega_0(\mu_0 - H_1)^2 + \omega_B(\mu_B - H_1)^2$$

(8) 使 k 从 0～L-1 之间变化，计算不同 k 值的类间方差 σ_k^2，使得类间方差最大所对应的 k 值即为最优阈值，完成单阈值分割。

(9) 以此类推，在不同类内使用局部 Otsu 法进行分割，可以推广到多阈值分割，若图像中存在 m 待分割区域，则需要确定 m-1 个阈值 $k_0, k_2, \cdots, k_{m-1}$。相应的类间方差定义为：
$\sigma_{km}^2 = \omega_0(\mu_0 - H_1)^2 + \omega_1(\mu_1 - H_1)^2 + \cdots \omega_{m-1}(\mu_{m-1} - H_1)^2$。

(10) 使得 σ_{km}^2 最大的一组 $k_0, k_2, \cdots, k_{m-1}$ 就是所要求的最优阈值。

(a) 最大熵法图像分割结果　　　　(b) 基于局部的单阈值　　　　(c) 多阈值图像分割
（T=126)

图8.9　不同方法图像分割结果

百度百科

阈值分割应用

阈值分割的优点是计算简单、运算效率较高、速度快。在重视运算效率的应用场合(如用于硬件实现)，它得到了广泛应用。目前，图像的阈值分割已被应用于很多的领域，例如，在红外技术应用中，红外无损检测中红外热图像的分割、红外成像跟踪系统中目标的分割；在遥感应用中，合成孔径雷达图像中目标的分割等；在医学应用中，血液细胞图像的分割、磁共振图像的分割；在农业工程应用中，水果品质无损检测过程中水果图像与背景的分割；在工业生产应用中，机器视觉运用于产品质量检测等。

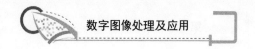
8.3　基于边缘提取的图像分割

8.3.1　基于边缘提取图像分割基本原理

边缘是图像中像元灰度有阶跃变化或屋顶状变化的像元集合。它存在于目标与背景、目标与目标、区域与区域、基元与基元之间。包含了丰实的信息(如方向、阶跃性质、形状等)，是图像识别的重要属性，因而边缘检测是图像处理中的重要环节。常见的两种边缘模型如图 8.10 所示。

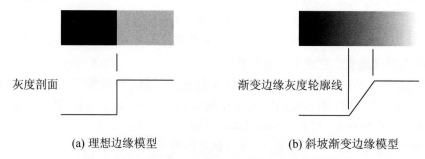

(a) 理想边缘模型　　　　　　　　　　(b) 斜坡渐变边缘模型

图 8.10　边缘模型及沿水平方向直线上提取灰度轮廓线

对于图 8.10(b)，水平方向一阶导数的特点是：在斜坡上的导数值为正，在平坦区为零。二阶导数特点：在跃变点，一正一负，其他部分为零，如图 8.11 所示。显然，对于图 8.10 所示边缘模型可以分别通过一阶和二阶导数获得。

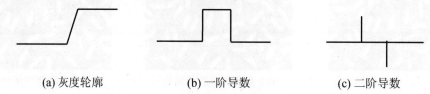

(a) 灰度轮廓　　　　　　　(b) 一阶导数　　　　　　　(c) 二阶导数

图 8.11　灰度轮廓及其一阶和二阶导数

对于数字图像 $f(x, y)$ 其一阶与二阶导数，可以用差分来近似微分。

$$\begin{cases} \dfrac{\partial f(x,y)}{\partial x} = f(x+1, y) - f(x, y) \\ \dfrac{\partial f(x,y)}{\partial y} = f(x, y+1) - f(x, y) \end{cases} \qquad (8\text{-}2)$$

8.3.2　基于边缘提取图像分割方法

基于边缘提取的分割法基本步骤如下所述。

(1) 将灰度图像二值化。

(2) 采用适当的边缘提取算子，提取目标边缘。

(3) 去除伪边缘，将边缘连接成有意义的直线或曲线，得到闭合的目标轮廓。

(4) 确定边界限定的区域。

边缘检测的方法主要有基于微分算子的检测方法(如 Roberts 算子、Prewitt 算子、Sobel 算子等)、基于小波变换的方法、数学形态学边缘检测以及模糊理论、分形、神经网络、遗传算法、不变矩法等,均可用于边缘检测。

下面详细介绍传统的边缘检测常用算子。

1. 梯度算子

梯度算子仅计算相邻像素的灰度差,对噪声敏感,无法抑制噪声的影响。

 小知识

梯度算子又称劈形算子,即倒三角算子(Nabla),用符号 "∇" 表示。该名字来自希腊语的某种竖琴: 纳布拉琴。相关的词汇也存在于亚拉姆语和希伯来语中。另一个对于该符号常见的名称是 *atled*,因为它是希腊字母 Δ 倒过来的形状。除了 *atled* 外,它还有一个名称是 *del*。

两种不同方向的梯度算子如下所示

$$\begin{bmatrix} -1 & +1 \end{bmatrix} \quad \begin{bmatrix} -1 \\ +1 \end{bmatrix}$$

所以运用上述两种梯度算子进行边缘提取,数学表达式为

$$\frac{f(x,y)}{\partial x} = f(x+1,y) - f(x,y)$$

$$\frac{\partial f(x,y)}{\partial y} = f(x,y+1) - f(x,y) \tag{8-3}$$

实例

假设某图像及其矩阵表示如图 8.12 所示,用算子 $\begin{bmatrix} -1 & +1 \end{bmatrix}$ 提取边缘给出相应的运算结果。

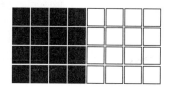

$$\begin{bmatrix} 0 & 0 & 0 & 0 & 255 & 255 & 255 & 255 \\ 0 & 0 & 0 & 0 & 255 & 255 & 255 & 255 \\ 0 & 0 & 0 & 0 & 255 & 255 & 255 & 255 \\ 0 & 0 & 0 & 0 & 255 & 255 & 255 & 255 \end{bmatrix}$$

图 8.12　图像及其矩阵表示

可以看出,该图像中左边暗,右边亮,中间存在着一条明显的边缘,是一个典型阶跃状边缘。使用上述第一种梯度模板进行卷积操作后,结果如图 8.13 所示。

$$\begin{bmatrix} 0 & 0 & 0 & 255 & 0 & 0 & 0 \\ 0 & 0 & 0 & 255 & 0 & 0 & 0 \\ 0 & 0 & 0 & 255 & 0 & 0 & 0 \\ 0 & 0 & 0 & 255 & 0 & 0 & 0 \end{bmatrix}$$

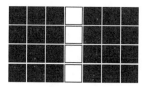

图 8.13　梯度算子提取边缘图像与矩阵表示

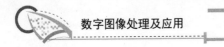

由图 8.13 可以看出，中间存在一条很明显的亮边，其他区域都很暗，起到了边缘检测的作用。

2. Roberts 算子

Roberts 边缘算子是一个 2×2 的模板，下面两个卷积核形成 Roberts 算子，它采用对角线方向相邻两像素之差近似梯度幅值检测边缘。

$$\begin{bmatrix} -1 & 0 \\ 0 & 1 \end{bmatrix} \quad \begin{bmatrix} 0 & -1 \\ 1 & 0 \end{bmatrix}$$

Roberts 模板是用斜向上的 4 个像素的交叉差分定义的，即运用上述两种梯度算子对图像中的每一个像素做卷积，进行边缘提取，数学表达式为

$$|\nabla f(x,y)| = |f(x+1,y+1) - f(x,y)| + |f(x,y+1) - f(x+1,y)| \tag{8-4}$$

实例

假设某两个图像及其矩阵表示如图 8.14 所示，用 Roberts 算子提取边缘给出相应的运算结果。

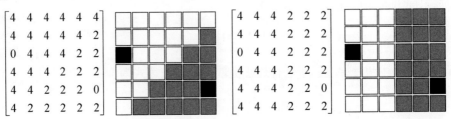

图 8.14　图像与矩阵表示

使用 Roberts 算子对图 8.14 所示图像进行卷积操作后，结果如图 8.15 所示。

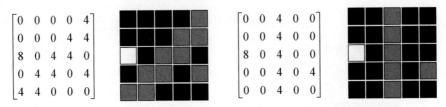

图 8.15　Roberts 算子边缘提取图像与矩阵表示

以上结果可以看出，Roberts 检测垂直边缘的效果好于斜向边缘，定位精度高，对噪声敏感，无法抑制噪声的影响。

3. Prewitt 算子

利用像素点上下、左右邻点的灰度差，在边缘处达到极值检测边缘，去掉部分伪边缘，对噪声具有平滑作用。其原理是在图像空间利用不同方向模板与图像进行邻域卷积来完成的，这 4 个方向模板依次检测水平边缘、垂直边缘以及-45°和 45°边缘，如下所示。

$$\begin{bmatrix} -1 & -1 & -1 \\ 0 & 0 & 0 \\ 1 & 1 & 1 \end{bmatrix} \begin{bmatrix} -1 & 0 & 1 \\ -1 & 0 & 1 \\ -1 & 0 & 1 \end{bmatrix} \begin{bmatrix} 0 & 1 & 1 \\ -1 & 0 & 1 \\ -1 & -1 & 0 \end{bmatrix} \begin{bmatrix} -1 & -1 & 0 \\ -1 & 0 & 1 \\ 0 & 1 & 1 \end{bmatrix}$$

运用上述水平和垂直两种梯度算子对图像中的每一个像素做卷积，进行边缘提取，数学表达式为

$$\begin{cases} f_x(x,y) = f(x-1,y+1) + f(x,y+1) + f(x+1,y+1) - f(x-1,y-1) - f(x,y-1) - f(x+1,y-1) \\ f_y(x,y) = f(x+1,y-1) + f(x+1,y) + f(x+1,y+1) - f(x-1,y-1) - f(x-1,y) - f(x-1,y+1) \end{cases}$$

(8-5)

二维图像的梯度表示为

$$|\nabla f(x,y)| = |f_x(x,y)| + |f_y(x,y)|$$

(8-6)

使用 Prewitt 算子对图 8.14 所示图像进行卷积操作后，通过算子检测后，还需作二值化运算处理，从而找到边界点，以阈值 $T=4$ 进行二值处理后，结果如图 8.16 所示。

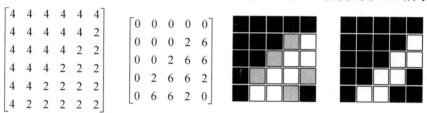

$$\begin{bmatrix} 4 & 4 & 4 & 4 & 4 & 4 \\ 4 & 4 & 4 & 4 & 4 & 2 \\ 4 & 4 & 4 & 4 & 2 & 2 \\ 4 & 4 & 4 & 2 & 2 & 2 \\ 4 & 4 & 2 & 2 & 2 & 2 \\ 4 & 2 & 2 & 2 & 2 & 2 \end{bmatrix} \begin{bmatrix} 0 & 0 & 0 & 0 & 0 \\ 0 & 0 & 0 & 2 & 6 \\ 0 & 0 & 2 & 6 & 6 \\ 0 & 2 & 6 & 6 & 2 \\ 0 & 6 & 6 & 2 & 0 \end{bmatrix}$$

图 8.16　Prewitt 算子边缘提取与二值化图像

可见，Prewitt 算子进行分割得到的边缘过粗。

4. Sobel 算子

Sobel 算子有 4 个，分别是检测水平边缘、垂直边缘以及-45° 和 45° 边缘，如下所示。

$$\begin{bmatrix} -1 & -2 & -1 \\ 0 & 0 & 0 \\ 1 & 2 & 1 \end{bmatrix} \begin{bmatrix} -1 & 0 & 1 \\ -2 & 0 & 2 \\ -1 & 0 & 1 \end{bmatrix} \begin{bmatrix} 0 & 1 & 2 \\ -1 & 0 & 1 \\ -2 & -1 & 0 \end{bmatrix} \begin{bmatrix} -2 & -1 & 0 \\ -1 & 0 & 1 \\ 0 & 1 & 2 \end{bmatrix}$$

利用 Sobel 算子提取边缘，可以先分别用水平算子和垂直算子对图像进行卷积，运算公式为

$$\begin{cases} f_x(x,y) = f(x-1,y+1) + 2f(x,y+1) + f(x+1,y+1) - f(x-1,y-1) - 2f(x,y-1) - f(x+1,y-1) \\ f_y(x,y) = f(x+1,y-1) + 2f(x+1,y) + f(x+1,y+1) - f(x-1,y-1) - 2f(x-1,y) - f(x-1,y+1) \end{cases}$$

(8-7)

与 Prewitt 算子相比，Sobel 算子考虑了像素位置的影响给予加权，相比 Prewitt 算子，Sobel 的抗噪能力更强，如图 8.17 所示。

$$\begin{bmatrix} 0 & 0 & 0 & 0 & 0 \\ 0 & 0 & 0 & 4 & 12 \\ 0 & 0 & 4 & 12 & 12 \\ 0 & 4 & 12 & 12 & 4 \\ 0 & 12 & 12 & 4 & 0 \end{bmatrix}$$

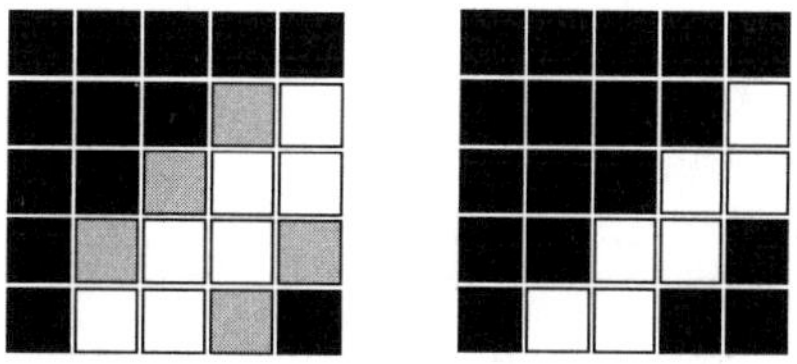

图 8.17　Sobel 算子提取边缘图像

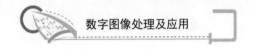

5. Kirsch 算子

Kirsch 算子是由 R.Kirsch 于 1971 年提出的，是一种相对新的检测边缘方向的新方法。它使用了 8 个模板来确定梯度幅度值和梯度的方向。组成 Kirsch 边缘算子存在的 8 个模板(卷积核)如下所示。这 8 个模板代表 8 个方向，对图像上的 8 个特定边缘方向做出最大响应，运算中取最大值作为图像的边缘输出。

$$\begin{bmatrix} 5 & 5 & 5 \\ -3 & 0 & -3 \\ -3 & -3 & -3 \end{bmatrix} \begin{bmatrix} -3 & 5 & 5 \\ -3 & 0 & 5 \\ -3 & -3 & -3 \end{bmatrix} \begin{bmatrix} -3 & -3 & 5 \\ -3 & 0 & 5 \\ -3 & -3 & 5 \end{bmatrix} \begin{bmatrix} -3 & -3 & -3 \\ -3 & 0 & 5 \\ -3 & 5 & 5 \end{bmatrix}$$

$$\begin{bmatrix} -3 & -3 & -3 \\ -3 & 0 & -3 \\ 5 & 5 & 5 \end{bmatrix} \begin{bmatrix} -3 & -3 & -3 \\ 5 & 0 & -3 \\ 5 & 5 & -3 \end{bmatrix} \begin{bmatrix} 5 & -3 & -3 \\ 5 & 0 & -3 \\ 5 & -3 & -3 \end{bmatrix} \begin{bmatrix} 5 & 5 & -3 \\ 5 & 0 & -3 \\ -3 & -3 & -3 \end{bmatrix}$$

图像上的每个像素都用这 8 个模板运算后，选择其中最大值作为该像素的边缘强度。Kirsch 算子的计算二维图像梯度幅度值用如下公式：

$$\nabla f(x,y) = \max(|M_0|,|M_1|,|M_2|,|M_3|,|M_4|,|M_5|,|M_6|,|M_7|) \tag{8-8}$$

用 Kirsch 算子求解图 8.14 所示二维图像的梯度，图像矩阵，以及利用阈值 $T=25$ 进行二值化得到图像结果如图 8.18 所示。

$$\begin{bmatrix} 0 & 0 & 0 & 0 & 0 \\ 0 & 20 & 0 & 10 & 30 \\ 0 & 20 & 10 & 30 & 18 \\ 0 & 14 & 30 & 18 & 16 \\ 0 & 30 & 18 & 6 & 10 \end{bmatrix}$$

图 8.18　Kirsch 算子提取边缘图像

6. Laplacian(拉普拉斯)算子

根据模板中心像素的权重的不同，常用的 Laplacian 算子模板有以下两种。

$$\begin{bmatrix} 0 & -1 & 0 \\ -1 & 4 & -1 \\ 0 & -1 & 0 \end{bmatrix} \begin{bmatrix} -1 & -1 & -1 \\ -1 & 8 & -1 \\ -1 & -1 & -1 \end{bmatrix}$$

图像的 Laplacian 变换定义为

$$\nabla^2 f = 4f(x,y) - \left[f(x,y-1) + f(x,y+1) + f(x-1,y) + f(x+1,y) \right] \tag{8-9}$$

$$\nabla^2 f = 8f(x,y) - \begin{bmatrix} f(x-1,y-1) + f(x-1,y) + f(x-1,y+1) + f(x,y-1) \\ + f(x,y+1) + f(x+1,y-1) + f(x+1,y) + f(x+1,y+1) \end{bmatrix} \tag{8-10}$$

MATLAB 编程提示：

除此之外，Canny 算子，使用 4 个 mask 检测水平、垂直以及对角线方向的边缘，实现了最优的边缘检测。几种常用边缘检测 MATLAB 函数如下所示。

```
Bw=edge(f,'roberts');
```

```
Bw=edge(f,'sobel');
Bw=edge(f,'canny');
Bw=edge(f,'log',[],2);
Bw=edge(I,'prewitt',0.04);
```

8.3.3 边缘跟踪

由于噪声等原因，提取的边缘往往出现孤立点或分段不连续，所以在识别图像中的目标时，往往需要对目标边缘作跟踪处理，通过顺序找出边缘点将边缘像素连接起来，组成封闭边界，也叫轮廓跟踪。轮廓跟踪基本步骤要求如下所述。

(1) 确定轮廓跟踪的起始点。

(2) 确定适当的搜索策略。

(3) 制定终止搜寻的准则。

基于跟踪思想的方法主要有光栅扫描跟踪法、全向跟踪法、边界跟踪法、跟踪虫法和图论法等。下面以光栅扫描跟踪法为例说明边界跟踪的基本原理。

实例

以图 8.19 中(a)所表示图像为例(图中没有写出像素值的区域，图像的像素值为 0)，采用电视光栅行扫描顺序对遇到的像素进行分析，确定其是否为边缘。

(1) 将像素值大于等于 7 的点定义为轮廓跟踪的起点。

(2) 把起点像素灰度与周围八邻域点的像素进行比较，若差值小于或等于 4，则判断为同一区域，合并，并赋予标记(图中用*标注)；若有多个像素差满足条件，则将差值最小的像素点判为同一区域。

(3) 从新跟踪得到的像素开始，不断进行对比合并操作。

(4) 将跟踪得到的像素值定义为 1，否则为 0。

(5) 去除离散的不连续点。

(6) 返回步骤(1)，寻找新区域起始点像素进行新一轮的边界扫描，直到完成所有起点跟踪扫描结束。

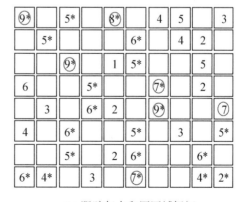

(a) 原图像　　　　　　　　　　(b) 跟踪起点和同区域标记

图 8.19　光栅扫描法边界跟踪实例

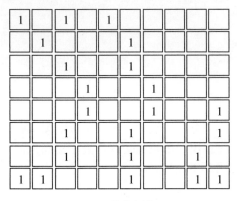

(c) 二值化图像　　　　　　　　　　　　(d) 边界图像

图 8.19　光栅扫描法边界跟踪实例(续)

可见，光栅扫描跟踪法可以绘制完整边缘。根据以上方法，检测出 3 条边缘，两条从顶端开始，一条从中间开始。

8.4　基于区域的图像分割

基于区域分割技术有两种基本形式：区域生长和分裂合并，前者从像素出发，逐渐形成分割结果；后者从图像整体出发，逐渐分裂和合并形成要分割结果。

8.4.1　区域增长

区域生长的基本思想是将具有相似性质的像素集合起来构成区域。区域生长实现的步骤如下所述。

(1) 确定区域分割种子像素作为生长的起点，保证这些起点能够正确代表区域特征。

(2) 根据某种相似性，确定生长过程停止的条件或准则，将种子周围邻域中像素合并到同一区域。

(3) 把新的像素当作新的种子像素继续进行比对合并，直到所有满足条件的像素都包括到同一区域。

实例

要分割的图像如图 8.20(a)所示。按照上述步骤，首先选取灰度值为 1 和 5 的像素为种子点，若周围像素与种子点的像素差小于阈值 T 时，则将像素包含于种子区域。当阈值不同时，得到不同的生长结果。图(b)、(c)分别为 $T=1$、2 时区域分割效果。

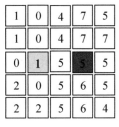
(a) 原图像

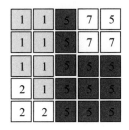
(b) T=1生长结果

(c) T=2生长结果

图 8.20　区域增长

小知识

　　区域生长是一种古老的图像分割方法,最早的区域生长图像分割方法是由 Levine 等人提出的。在简单区域生长法基础上,提出了许多改进算法。如质心型区域生长方法通过比较图像的像素特征与相邻区域的特征,若相似将像素归并到区域中。简单的特征描述为已存在区域的像素灰度平均值。

实例

　　以图 8.21(a)中所示图像为例,种子点像素值为 10,生长阈值 $T<2$ 时,图(b)、(c)、(d)分别给出第一次、第二次、第三次生长后图像分割结果。三次增长区域特征值为区域平均值,分别为: 9.25、8.83、8.57。

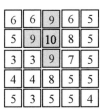
(a)原图像

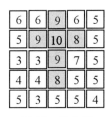
(b)第一次生长

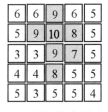
(c)第二次生长

(d)第三次生长

图 8.21　质心型区域增长

8.4.2　区域分裂合并法

　　区域分裂合并法首先将图像分割成一组任意不相交的区域,然后进行合并或分类。常用四叉树分解法,如图 8.22 所示,将图像区域表示为 R,R 是具有不一致性的特征集合。利用四叉树法对 R 进行分割的基本原理是反复将分割图像再次分成 4 个区域,直到任何区域 R_i 达到一致性为止。

实例

　　图 8.23 中白色区域为目标,其他区域为背景,背景的每个像素都具有常数灰度值。

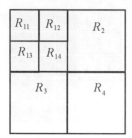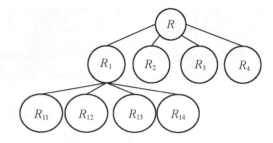

图 8.22　四叉树图像分割

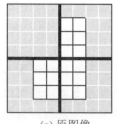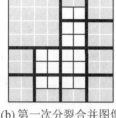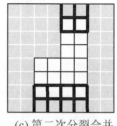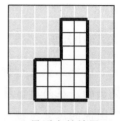

(a) 原图像　　(b) 第一次分裂合并图像　　(c) 第二次分裂合并　　(d) 最后合并结果

图 8.23　图像分裂与合并

对整个图像 R，若不满足 R 中所有像素都具有相同的灰度值，即为 $P(R)$=FALSE，($P(R)$=TRUE 代表在 R 中的所有像素都具有相同的灰度值)，首先将其分裂成如图 8.23(a) 所示的 4 个正方形区域，由于左上角区域满足 $P(R_1)$=TRUE，所以不必继续分裂，其他 3 个区域继续分裂而得到 8.23(b)，此时目标中间的 3 个子区域，可以按照目标合并，而周围 的具有相同像素的其他区域都按照背景合并。图像下面的两个子区域以及最上方的子区域 继续分裂可得到图 8.23(c)，因为此时所有区域都已满足 $P(R_i)$=TRUE，所以最后一次合并 可得到(d)的分割结果。

8.5　彩色图像分割

8.5.1　彩色图像分割意义

彩色图像不仅包括亮度信息，而且还包括色调、饱和度等有效信息。彩色图像分割与 灰度图像分割算法相比，将特征提取和像素的属性分析等技术由二维空间转到了高维空 间。所以对彩色图像分割方法的研究有利于克服传统灰度图像分割方式的不足，有着十分 广泛的研究领域。

8.5.2　彩色图像分割方法

彩色图像分割可以采用两种方式，一种是在彩色模型空间中直接进行分割。第二种是 将彩色图像的各个分量进行适当组合转化为灰度图像，然后利用灰度图像分割的方法进行 分割。常用基于边缘检测的方法、基于区域的方法、基于主动轮廓模型方法、神经网络法、以及分形技术，信息融合技术，马尔科夫随机场模型等。下面简要介绍传统的基于 RGB 颜色空间的彩色图像分割方法。

(1) 已知 RGB 彩色图像，利用下列公式将彩色图像转换成的 YUV 色彩空间表示。

$$\left.\begin{array}{l} Y = 0.299R + 0.587G + 0.114B \\ U = -0.147R - 0.289G + 0.436B \\ V = 0.615R - 0.515G - 0.100B \end{array}\right\} \qquad (8\text{-}11)$$

(2) 其中 Y 分量一定的情况下，相应的计算 Y 分量的公式是三元一次方程，对应着笛卡儿坐标系中一个平面。该平面在 RGB 彩色空间中的位置如图 8.24 所示。

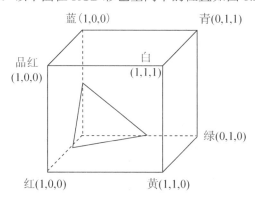

图 8.24　灰度平面与 RGB 彩色模型空间

(3) 图像中位于分割平面下面的，其颜色经灰度变换后将判定为背景，相应的位于分割平面上方的将被判定为前景。即相应的判定准则为

$$f(x, y, z) = \begin{cases} 1, & Y = 0.299R + 0.587G + 0.114B > T \\ 0, & Y = 0.299R + 0.587G + 0.114B \leqslant T \end{cases} \qquad (8\text{-}12)$$

图 8.25 给出了 RGB 彩色图像转换到 YUV 模型空间后，利用阈值进行分割结果。

(a) RGB 彩色图像　　　　　　(b) Y 分量　　　　　　(c) 图像分割结果

图 8.25　RGB 彩色图像分割

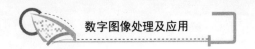
习　题

一、简答题

1. 常用的图像分割算法有哪些？并简要说明这些方法的应用特点。

2. 基于边缘提取的图像分割算法的常用算子，简述它们的运算原理。

3. 简述光栅扫描法边界跟踪基本原理。

二、简单计算

1. 对图 8.26 中两幅图像分别利用 Roberts 算子，以及 Prewitt 算子进行边缘提取，给出边缘图像。

2. 图 8.27 中所示图像，种子点像素值为 10，生长阈值 $T<3$ 时，分别给出第一次、第二次、第三次生长后图像分割结果。

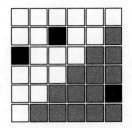

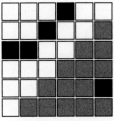

图 8.26　习题简单计算 1 图

6	6	9	6	5
5	9	10	8	5
3	3	9	7	5
4	4	8	5	3
5	3	5	5	4

图 8.27　习题简单计算 2 图

三、编程实践

1. 利用 MATLAB 编程实现基于边缘提取的图像分割，分割算子为 Canny 以及 Sobel 算子(原图像为 Lena 图像或自行拍照)。

2. 利用 MATLAB 编程实现基于区域增长的图像分割(原图像为 Lena 图像或自行拍照)。

第9章
图像特征提取与识别

　　特征提取是图像理解的初级运算，因此有大量特征提取算法发展起来，提取的特征也各形各色，不同特征提取的算法也各有不同。而图像识别是人工智能的一个重要领域，可分为图像输入、预处理、特征提取、分类和匹配等步骤。图像识别一般是以图像的主要特征为基础，图像特征提取是图像识别的关键步骤，图像特征提取的优劣直接决定着图像识别的效果。如何从原始图像中提取具有较强表示能力的图像特征是智能图像处理的一个研究热点。

教 学 目 标

● 掌握不同图像特征及特征描述方法；
● 掌握常用的特征提取的关键技术；
● 掌握图像识别的基本步骤及实现原理；
● 理解不同方法在实际应用中的不同。

教 学 要 求

知 识 要 点	能 力 要 求	相 关 知 识
图像特征	(1) 掌握常用的颜色特征及其提取 (2) 掌握纹理特征及其提取 (3) 掌握形状特征以及其提取 (4) 掌握空间位置特征及其提取	颜色矩，颜色集；共生矩阵；轮廓形状，区域形状
图像识别	(1) 掌握图像识别的基本步骤 (2) 了解图像分类基本思路	遥感图像分类

 **推荐阅读资料**

[1] 尼克松. 特征提取与图像处理[M]. 李实英，杨高波，译. 北京：电子工业出版社，2010.

[2] A. Rosenfeld, Avinash C.Kak. Digital Picture Processing[M]. New York: Academic Press, 1982: Vol. I - II.

 基本概念

图像特征(Image Feature)：至今为止图像特征没有统一和精确的定义。特征是数字图像中"有趣"的部分，它是许多计算机图像分析算法的起点。

特征提取(Feature Extraction)：特征提取是图像理解中的初级运算。它指的是使用计算机提取图像信息，决定每个图像的点是否属于一个图像特征。特征提取的结果是把图像上的点分为不同的子集，这些子集往往属于孤立的点、连续的曲线或者连续的区域。因此可重复性、可区分性、集中、高效等，是特征提取最重要特性。

图像识别(Image Recognition)：图像识别是以图像的主要特征为基础的。是一种从大量信息和数据出发，在专家经验和已有认识的基础上，利用计算机和数学推理的方法对形状、模式、曲线、数字、字符格式和图形自动完成识别、评价的过程。

纹理特征(Texture Feature)：一种不依赖于颜色或亮度反映图像中同质现象的视觉特征。纹理特征包含了物体表面结构。

引例

最新的 Google 图片识别技术能够"认出"大部分物品(以下信息来源于雷锋网)

近日，谷歌通过官方博客，介绍了图像识别领域取得的一些重大进展。这个识别技术最早是在 ImageNet 计算机视觉挑战比赛(ILSVRC)上展示。ImageNet 视觉识别挑战每年举办一次，旨在发现更好的图像技术，尤其是物体识别和锁定这两方面。目前主要的参赛者来自于学术机构和实验室。

在今年的比赛里面，隶属于 Google 的 GoogLeNet 团队刷新了"分类和侦测"记录，其精度比去年的记录提升了两倍。目前他们已经把这个项目公开，希望能够邀请更多人来参与其中，借此来加速项目的发展。这个挑战遵循 3 个步骤：分类、分类并锁定以及侦测。分类主要是测试所选用的算法是否可以正确的为图片中的物体贴上相应的标签。分类并锁定主要是测试算法在图像识别和锁定潜在物体上的能力。侦测和第二个步骤比较类似，但是这个环节会使用更加苛刻的评估标准，所使用的图像包含了很多非常细小的物体。在侦测环节中，性能优越的图像识别技术是可以在复杂场景中精准锁定和识别物体的。从谷歌发布的照片中我们可以看出，目前这项技术可以识别出我们常见的物体，比如宠物猫、鸡蛋、香蕉、橘子、电视机、显示器、书架等，识别结果如图 9.1 所示。

图 9.1　谷歌识别技术

9.1　颜色图像的特征

常用的图像特征有颜色特征、纹理特征、形状特征、空间关系特征。

9.1.1　图像颜色特征的特点

颜色特征是图像最底层、最直观、最明显的全局物理特征,颜色特征的特点有以下几点。

(1) 图像旋转不变性。

(2) 图像平移不变性。

(3) 尺度不变性。

由于颜色对图像或图像区域的方向、大小等变化不敏感,所以颜色特征不能很好地捕捉图像中对象的局部特征。常用的颜色特征表示方法有颜色直方图、颜色矩、颜色集、颜色聚合向量以及颜色相关图等。

9.1.2　颜色直方图

颜色直方图(Color Histogram)所描述的是一幅图像中颜色的全局分布,即不同色彩在整幅图像中所占的比例,而并不关心每种色彩所处的空间位置。因而特别适用于描述那些难以自动分割的图像和不需要考虑物体空间位置的图像。图 9.2 是将 Lena 图像进行旋转变换、缩放变换后分别计算它们的 R 分量的颜色直方图,可见将图像进行变换后图像直方图的改变不大,即图像直方图对图像的物理变换是不敏感的。因此常提取颜色特征并用颜色直方图应用于衡量和比较两幅图像的全局差。另外，如果图像可以分为多个区域，并且前景与背景颜色分布具有明显差异，则颜色直方图呈现双峰形。

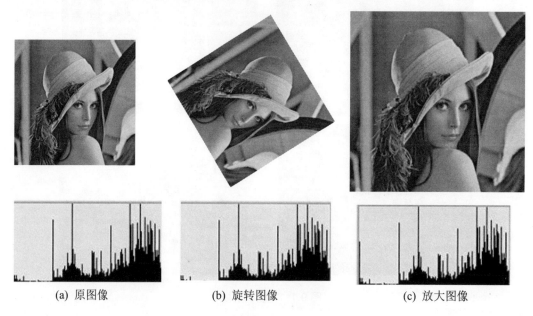

(a) 原图像　　　　　　(b) 旋转图像　　　　　　(c) 放大图像

图 9.2　图像变换与颜色直方图

9.1.3　颜色集

颜色集(Color Sets)是 Smith 和 Chang 提出的用来支持大规模图像库中的快速查找的颜色特征，颜色集的方法将颜色转化到 HSV 颜色空间后，将图像根据其颜色信息进行图像分割成若干区域，并将颜色分为多个柄(bin)，每个区域进行颜色空间量化建立颜色索引，进而建立二进制图像颜色索引表。表 9-1 给出了部分 RGB 16 位颜色的索引表。

表 9-1　RGB 16 位颜色索引表

色	中文名称	英文名称	十六进制	R	G	B
	黑色	Black	#000000	0	0	0
	白色	White	#FFFFFF	255	255	255
	红色	Red	#FF0000	255	0	0
	橙色	Orange	#FF4500	255	69	0
	黄色	Yellow	#E6B800	230	184	0
	绿色	Green	#0080000	0	255	0
	蓝色	Blue	#0000FF	0	0	255
	紫色	Violet	#8A2BE2	138	43	226
	青色	Cyan	#00FFFF	0	255	255

9.1.4　颜色矩

颜色矩(Color Moments)是由 Stricker 和 Orengo 所提出的，这种方法的数学基础在于：图像中任何的颜色分布均可以用它的矩来表示。由于颜色分布信息主要集中在低阶矩中，因此，仅采用颜色的一阶矩(mean)、二阶矩(variance)和三阶矩(skewness)就足以表达图像的颜色分布。彩色图像的颜色矩一共只需要 9 个分量(3 个颜色分量,每个分量上 3 个低阶矩)。3 个颜色矩的数学定义如下

$$
\begin{cases}
\mu_i = \dfrac{1}{N}\sum_{j=1}^{N} p_{i,j} \\[2mm]
\sigma_i = \left[\dfrac{1}{N}\sum_{j=1}^{N}(p_{i,j}-\mu_i)^2\right]^{1/2} \\[2mm]
s_i = \left[\dfrac{1}{N}\sum_{j=1}^{N}(p_{i,j}-\mu_i)^3\right]^{1/3}
\end{cases}
\tag{9-1}
$$

式中，$p_{i,j}$ 表示彩色图像的第 i 个颜色通道分量中灰度为 j 的像素出现的概率；N 表示图像中的像素个数。图像的 3 个分量 Y、U、V 的前 3 阶颜色矩组成一个 9 维直方图分量，即图像的颜色特征表示如下

$$
F_{\text{color}} = [\mu r, \sigma r, sr, \mu U, \sigma U, sU, \mu V, \sigma V, sV]
\tag{9-2}
$$

9.1.5　颜色聚合向量

颜色聚合向量(Color Coherence Vector)是一种直方图改进算法，它将直方图中每一个颜色簇划分成聚合的和非聚合的两部分。即将属于直方图每一个柄的像素分成两部分，如果该柄内的某些像素所占据的连续区域的面积大于给定的阈值，则该区域内的像素作为聚合像素，否则作为非聚合像素。颜色聚合向量算法可以通过以下几个步骤来完成对图像特征的提取。

(1) 量化：聚合向量算法首先进行量化，使得图像中只剩下 n 个颜色区间即 bin。

(2) 划分连同区域：对量化后的像素值矩阵，根据像素间的连通性把图像划分成若干个连通区域。对于某连通区域 C，其内部任意两个的像素点之间都存在一条通路。

(3) 判断聚合性：图像划分成多个连通区域后，统计每一个连通区域 C 中的像素，并设定阈值 T 判断区域中 C 的像素是聚合还是非聚合的，判断依据如下所述。

① 如果区域 C 中的像素值大于阈值 T，则该区域聚合。

② 如果区域 C 中的像素值小于阈值 T，则该区域非聚合。

假设 α_i 与 β_i 分别代表直方图的第 i 个 bin 中聚合像素和非聚合像素的数量，图像的颜色聚合向量可以表达为<$(\alpha_1, \beta_1), (\alpha_2, \beta_2), \cdots, (\alpha_N, \beta_N)$>。而<$\alpha_1+\beta_1, \alpha_2+\beta_2, \cdots, \alpha_N+\beta_N$> 就是该图像的颜色直方图。在图像检索系统中，由于包含了颜色分布的空间信息，颜色聚合向量相比颜色直方图可以达到更好的检索效果。图 9.3 给出了原图像与根据聚合判断得到的连通区域构成图像。

(a) 原图像　　　　　　　　　(b) 量化后图像　　　　　　　(c) 连通图像

图 9.3　图像的聚合向量

9.1.6　颜色相关图

传统的颜色直方图只刻画了某一种颜色的像素数目占像素总数目的比例，只是一种全局的统计关系，而颜色相关图(Color Correlogram)则表达了颜色随距离变换的空间关系，也就是颜色相关图不仅包含图像颜色统计信息，同时包括颜色之间的空间关系。

9.2　纹　理　特　征

纹理是指存在于图像中某一范围内的形状很小的、半周期性或有规律的排列图案。纹理特征也是一种全局特征，与颜色特征不同，纹理特征不是基于像素点的特征，纹理特征是指图像灰度等级的变化，变化与空间的统计特性相关。在模式匹配中，这种区域性的特征具有较大的优越性，不会由于局部的偏差而无法匹配成功。作为一种统计特征，纹理特征常具有旋转不变性，并且对于噪声有较强的抵抗能力。但是，纹理特征也有其缺点，一个很明显的缺点是当图像的分辨率变化的时候，所计算出来的纹理可能会有较大偏差。另外，由于有可能受到光照、反射情况的影响。

小知识

紫檀常见纹理

紫檀木材很珍贵，它漂亮颜色是一般木材难以莫及的。紫檀木本身独特的纹理，以及本身所含的油脂、树胶、矿物质等，和其在自然环境下的颜色千变万化，令人着迷。紫檀木纹理和颜色是专家鉴定木质真伪和优劣的重要内容。图 9.4 给出了不同纹理的紫檀木。

(a) 牛毛纹　　　　　　(b) 火焰纹　　　　　　(c) 山峰纹　　　　　　(d) 金星

图 9.4　美丽的紫檀木纹理

常用的纹理特征提取方法包括统计分析法、几何法、模型法等。

9.2.1 灰度共生矩阵

灰度共生矩阵(Gray Level Co-occurrence Matrix，GLCM)是一种通过研究灰度的空间相关特性来描述纹理的常用方法，是统计方法分析纹理特性的典型代表。求解灰度共生矩阵的基本原理如下所述。

(1) 取图像中任意一点(x, y)及另一点$(x+a, y+b)$，该点对的灰度值记为 (f_1, f_2)。若移动点(x, y)覆盖整个图像，则得到不同的灰度值对。

(2) 设灰度值的级数为k，则(f_1, f_2)的组合共有k^2种。对于整个图像，统计出每一种(f_1, f_2)值出现的次数，计算(f_1, f_2)出现的概率 $P(f_1, f_2)$，就将(x, y)的空间坐标转化为灰度对(f_1, f_2)的描述，形成了灰度共生矩阵，表示为矩阵 G。

图 9.5 给出某 4×4 的图像的灰度共生矩阵，图像的灰度级为 1~8。

 注意事项

距离差分值(a, b) 取不同的数值组合，可以得到不同情况下的联合概率矩阵。(a, b) 取值要根据纹理周期分布的特性来选择，对于较细的纹理，选取(1，0)、(1，1)、(2，0)等小的差分值。

当 $a=1$，$b=0$ 时，像素对是水平的，即 0° 扫描；当 $a=0$，$b=1$ 时，像素对是垂直的，即 90° 扫描；当 $a=1$，$b=1$ 时，像素对是右对角线的，即 45° 扫描；当 $a=-1$，$b=1$ 时，像素对是左对角线，即 135° 扫描。

	1	2	3	4	5	6	7	8
1	1	1	0	0	1	0	0	0
2	0	0	1	0	0	0	0	0
3	0	0	0	0	1	0	0	0
4	1	0	0	0	0	1	2	0
5	0	0	0	0	0	0	0	0
6	1	0	0	0	0	0	0	0
7	0	0	0	0	1	0	0	0

1	1	5	6
2	3	5	7
4	5	7	1
8	5	1	2

(a) 图像

(b) 共生矩阵

图 9.5 图像与其共生矩阵原理示意图

图 9.6 给出两种具有不同纹理粗细度的图像，当 $a=1$，$b=0$ 时，像素对是水平的，即 0° 扫描时得到的生矩阵对比。可见，图像的是由具有相似灰度值的像素块构成，则灰度共生矩阵的对角元素会有比较大的值。

(a) 原图像 1

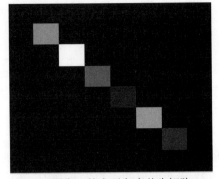

(b) 图像 1 的水平灰度共生矩阵

(c) 原图像 2

(d) 图像 2 的水平灰度共生矩阵

图 9.6　给出两种具有不同纹理粗细度的图像的共生矩阵

编程提示

```
Gray =rgb2gray(imread(filename));
glcms =graycomatrix(Gray,'Offset',[2 0]) ;%得到 8×8 的灰度共生矩阵
```

9.2.2　描述灰度共生矩阵常用的特征

1. ASM

角二阶矩是关于能量的参数，为灰度共生矩阵元素值的平方和，反映了图像灰度分布均匀程度和纹理粗细度。如果灰度共生矩阵 G 中的值呈现不均匀的分布，其中一些值较大而其他值小(例如对连续灰度值图像，值集中在对角线；对结构化的图像，值集中在偏离对角线的位置)，则 ASM(Angular Second Moment)有较大值，若 G 中的值分布较均匀(如噪声严重的图像)，则 ASM 有较小的值。

2. 对比度

对比度(contrast，CON)反映了图像的清晰度和纹理沟纹深浅的程度。纹理沟纹越深，其对比度越大，视觉效果越清晰；反之，对比度小，则沟纹浅，效果模糊。如果偏离对角线的元素有较大值，即图像亮度值变化很快，则对比度也会有较大取值。灰度差即对比度大的像素对越多，这个值越大。灰度共生矩阵中远离对角线的元素值越大，对比度越大。

3. 逆差距

逆差距(Inverse Different Moment，IDM)反映图像纹理的同质性，度量图像纹理局部变化的多少。其值大则说明图像纹理的不同区域间缺少变化，局部非常均匀。所以如果灰度共生矩阵对角元素有较大值，IDM 就会取较大的值。因此连续灰度的图像会有较大IDM 值。

4. 熵

熵(Entropy)是图像所具有的信息量的度量，是一个随机性的度量，当共生矩阵中所有元素有最大的随机性、空间共生矩阵中所有值几乎相等时，共生矩阵中元素分散分布时，熵较大。它表示了图像中纹理的非均匀程度或复杂程度。若灰度共生矩阵值分布均匀，也即图像近于随机或噪声很大，熵会有较大值。

另外还有其他参数如自相关反映了图像纹理的一致性。如果图像中有水平方向纹理，则水平方向矩阵的自相关(COR)大于其余矩阵的自相关(COR)值。

最后，可以用一个向量将以上特征综合在一起。例如，当距离差分值(a, b)取 4 种值的时候，可以综合得到向量：h=[ASM1, CON1, IDM1, ENT1, COR1, …, ASM4, CON4, IDM4, ENT4, COR4]，综合后的向量就可以看成是对图像纹理的一种描述，可以进一步用来分类、识别、检索等。

9.3　形 状 特 征

形状特征的描述主要可以分为基于轮廓形状(contour-based shape)与基于区域形状(region-based shape) 两类，形状特征可以作为区分不同物体的依据，在机器视觉系统中起着十分重要的作用。通常情况下，形状特征有两类表示方法：一类是轮廓特征；另一类是区域特征。图像的轮廓特征主要针对物体的外边界，而图像的区域特征则关系到整个形状区域。本节给出几种常用的形状特征。

 考考你

根据图中的轮廓形状等地理特征填表。

图号	①	②	③	④	⑤	⑥
省区名称						
简称						

9.3.1 几何参数法

形状参数法(shape factor)是有关形状定量测度，如面积、欧拉数、偏心率、周长、圆形度、偏心率、主轴方向和代数不变矩等。

1. 面积和周长

目标面积为区域内像素的总和。周长为区域的边界像素间距离的总和(上下左右距离为1，斜对角线距离为 $\sqrt{2}$；有时也将周长定义为边界像素的总和。如图 9.7 所示，目标的面积为 28，周长利用两种方法得到的结果分别为 $12+2\sqrt{2}$ 和 16。

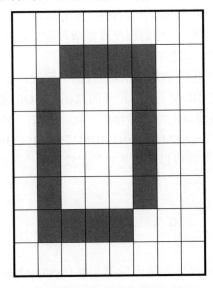

图 9.7　区域面积和周长

编程提示

计算某个区域的特征，如周长(perimeter)，面积(area)，中心点(centroid)等性质，使用：

```
%STATS = regionprops(L,properties)
I=imread('filename');
BW=im2bw(I);
L = bwlabel(BW);
STATS = regionprops(L,'area');
w=[STATS.Area];
```

2. 圆形度

最常用的圆形度是周长的平方与面积的比 $R = \dfrac{4\pi面积}{(周长)^2}$。圆形度用来刻画物体边界的复杂程度，它们在圆形边界时取最小值。图 9.8 给出了几种不同形状目标的圆形度，可见，当区域为圆形时，$R=1$ 最大，如果是细长的区域，R 则较小。

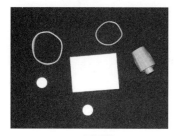

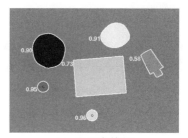

(a) 原图像　　　　　　　　(b) 二值化图像　　　　　　　　(c) 圆形度特征

图 9.8　圆形度

3. 欧拉数

图像欧拉数是数字拓扑学的重要特征参数之一。欧拉数等于连接成分数减去孔数，称为欧拉数或示性数。如图 9.9 中的两幅关于字母"A"和 "B"的图像，欧拉维数分别为 0 和 -1。所以，通过欧拉数可以进行图像识别。

图 9.9　图像与欧拉数

编程提示

```
I1=imread(' filename ');
I2=im2bw(I1,0.7); % 图像二值化。
E1=bweuler(~I2,8); % 二值化后的图像，目标为 0，背景为 1，必须先求反后计算欧拉数。
```

4. 不变矩

矩特征主要表征了图像区域的几何特征，又称为几何矩。Hu.M.K 提出的 7 个矩，由于其具有旋转、平移、尺度等特性的不变特征，所以又称其为不变矩。尺寸为 $n×m$ 的图像 $f(x, y)$，在二维空间上的 $p+q$ 阶矩为

$$m_{pq} = \sum_{x=1}^{M} \sum_{y=1}^{N} x^p y^q f(x, y) \tag{9-3}$$

由于 m_{pq} 具有平移不变性，因此 $p+q$ 阶中心矩定义为

$$\mu_{pq} = \sum_{x=1}^{M} \sum_{y=1}^{N} (x-\overline{x})^p (y-\overline{y})^q f(x, y) \tag{9-4}$$

零阶矩 m_{00} 是图像灰度总和，可表示图像的面积。若用 m_{00} 对 1 阶矩 m_{10} 和 m_{01} 进行规

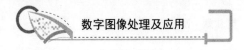

格化处理，则得到重心坐标为

$$
\begin{cases}
\bar{x} = \dfrac{m_{10}}{m_{00}} = \left.\displaystyle\sum_{x=1}^{M}\sum_{y=1}^{N} xf(x,y) \middle/ \displaystyle\sum_{x=1}^{M}\sum_{y=1}^{N} f(x,y)\right. \\[4mm]
\bar{y} = \dfrac{m_{01}}{m_{00}} = \left.\displaystyle\sum_{x=1}^{M}\sum_{y=1}^{N} yf(x,y) \middle/ \displaystyle\sum_{x=1}^{M}\sum_{y=1}^{N} f(x,y)\right.
\end{cases}
\tag{9-5}
$$

则，归一化中心矩定义为

$$
\eta_{pq} = \frac{M_{pq}}{M_{00}^{r}}, \quad r = \frac{p+q}{2}, \quad p+q = 2,3,4,\dots
\tag{9-6}
$$

Hu 提出的 7 个不变矩定义如下

$$
\left.
\begin{aligned}
\phi_1 &= \eta_{20} + \eta_{02} \\
\phi_2 &= (\eta_{20} - \eta_{02})^2 + 4\eta_{11}^2 \\
\phi_3 &= (\eta_{30} - 3\eta_{12})^2 + (3\eta_{21} - \eta_{03})^2 \\
\phi_4 &= (\eta_{30} + \eta_{12})^2 + (\eta_{21} + \eta_{03})^2 \\
\phi_5 &= (\eta_{30} - 3\eta_{12})(\eta_{30} + \eta_{12})\left[(\eta_{30} + \eta_{12})^2 - 3(\eta_{21} + \eta_{03})^2\right] + \\
&\quad (3\eta_{21} - \eta_{03})(\eta_{21} - \eta_{03})\left[3(\eta_{30} + \eta_{12})^2 - (\eta_{21} + \eta_{00})^2\right] \\
\phi_6 &= (\eta_{20} - \eta_{02})\left[(\eta_{30} + \eta_{12})^2 - 3(\eta_{21} + \eta_{03})^2\right] + \\
&\quad 4\eta_{11}(\eta_{30} + \eta_{12})(\eta_{21} + \eta_{03}) \\
\phi_7 &= (3\eta_{12} - \eta_{03})(\eta_{30} + \eta_{12})\left[(\eta_{30} + \eta_{12})^2 - 3(\eta_{21} + \eta_{03})^2\right] + \\
&\quad (3\eta_{21} - \eta_{03})(\eta_{21} + \eta_{03})\left[3(\eta_{30} + \eta_{12})^2 - (\eta_{21} + \eta_{03})^2\right]
\end{aligned}
\right\}
\tag{9-7}
$$

9.3.2　链码

对于一幅灰度图像，对其进行二值化处理和细化处理，任选一个像素点作为参考点，与其相邻的像素分别在 8 个不同的位置上，给它们赋予方向值 0～7(如图 9.10(a))，则图 9.10(b)所示的线段可以用 Freeman 链码的码值串来表示称为该线条图形的链码。此线段可做如表示为 L = 555670000122233。

根据方向链码，可以提取一系列的几何形状特征，如周长、面积某方向的宽度、矩、形心、两点之间的距离。

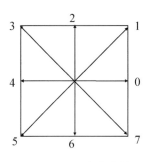

<table>
<tr><td>(a) Freeman方向表示</td><td>(b) Freeman链码</td></tr>
</table>

图 9.10　方向链码

9.3.3　傅里叶形状描述符法

傅里叶形状描述符(Fourier Shape Deors)基本思想是用物体边界的傅里叶变换作为形状描述，利用区域边界的封闭性和周期性，将二维问题转化为一维问题。相应的算法步骤如下所述。

(1) 从边界的任一点开始跟踪整个边界，把边界上各点的位置坐标(x, y)看成是一个复数 x+iy，从而得到一个复数序列。

(2) 这个复数序列的离散傅里叶变换就是描述该物体形状的傅里叶描述符。

(3) 对于数字图像的频谱来说，低频分量的分布反映了图像主体的基本形状，高频分量的分布反映图像的细节。

(4) 对傅里叶描述符作归一化运算，可以使它同物体所在图像中的位置、大小和方向无关。

实例

对于下面图像 E，基于链码提取的傅里叶描述子，以及傅里叶反变换对图像边界进行重建如图 9.11 所示。

E=[1 1 1 1 1 1 1 1 1 1 1;1 1 0 0 0 0 0 0 1 1 1;1 1 0 1 1 1 1 0 1 1;1 1 0 1 1 1 1 0 1 1;

1 1 1 0 1 1 1 0 1 1 1;1 1 1 0 1 1 1 0 1 1;1 1 0 1 1 1 1 0 1 1;1 1 1 0 1 1 1 0 1 1 1;

1 1 1 1 0 1 0 1 1 1 1;1 1 1 1 1 0 0 1 1 1 1;1 1 1 1 1 1 1 1 1 1 1;1 1 1 1 1 1 1 1 1 1 1];

边界的坐标为：X =[2 2 2 2 2 3 4 5 6 7 8 9 10 10 9 8 7 6 5 4 3 3];

Y=[5 5 6 7 8 9 10 8 9 9 8 7 7 6 5 5 4 5 4 3 3 3];

在形状的表示和匹配方面的工作还包括有限元法(Finite Element Method，FEM)、小波描述符(Wavelet Deor)、Zernike 矩、Legendre 矩等方法。形状特征在图像检索、识别等许多领域。但是，不足之处在于许多形状特征所反映的目标形状信息与人的主观感觉不完全一致，因为特征空间的相似性与人视觉系统感受到的相似性有差别。另外，形状参数的提取，必须以图像处理及图像分割为前提，所以参数准确性必然受到分割效果的影响，对分割效果很差的图像，形状参数甚至无法提取。

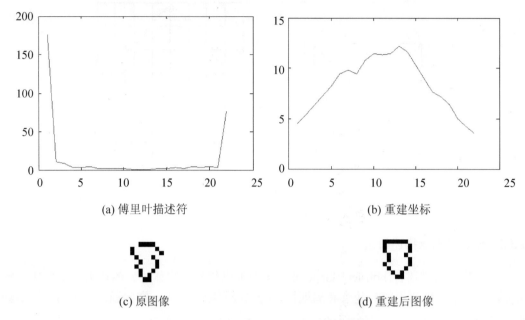

(a) 傅里叶描述符

(b) 重建坐标

(c) 原图像

(d) 重建后图像

图 9.11　基于图像的 Fourier 描述符的图像重建

9.4　空间关系特征

图像空间关系是指图像中分割出来的多个目标之间的相互的空间位置或相对方向关系，这些关系也可分为连接/邻接关系、交叠/重叠关系和包含/包容关系等。表 9-2 给出了 MapGuide 所支持的 11 种空间关系。

表 9-2　MapGuide 所支持的 11 种空间关系

空间关系	中文名称	OGC 标准	解　　释
Contains	包含	是	几何图形的内部完全包含了另一个几何图形的内部和边界
Covered By	覆盖	否	几何图形被另一个几何图形所包含，并且它们的边界相交。Point 和 MultiPoint 不支持此空间关系，因为它们没有边界
Crosses	交叉	是	几何图形的内部和另一个几何图形的边界和内部相交，但是它们边界不相交
Disjoint	分离	是	两个几何图形的边界和内部不相交
Envelope Intersects	封套相交	否	两个几何图形的外接矩形相交
Equal	相等	是	两个几何图形具有相同的边界和内部
Inside	内部	否	一个几何图形在另一个几何图形的内部，但是和它的边界不接触

续表

空间关系	中文名称	OGC 标准	解　　释
Intersects	相交	是	两个几何图形没有分离(Non-DisJoint)
Overlaps	重叠	是	两个几何图形的边界和内部相交(Intersect)
Touch	接触	是	两个几何图形的边界相交，但是内部不相交
Within	包含于	是	一个几何图形的内部和边界完全在另一个几何图形的内部

小知识

几种典型的空间位置关系图示
如图 9.12 所示。

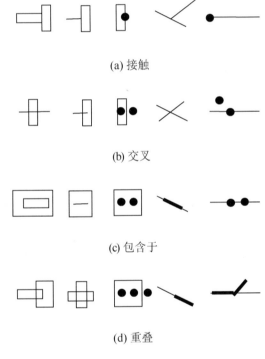

(a) 接触

(b) 交叉

(c) 包含于

(d) 重叠

图 9.12　图像的空间关系

9.5　图　像　识　别

图像识别系统的基本过程分为 5 部分：图像输入、图像预处理、特征提取、分类和匹配。

1. 图像输入

扫描仪、视频采集卡、摄像机、数码相机等，能进行图像数字化的设备作为图像的输入设备。

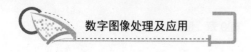

2. 图像预处理

图像预处理的主要目的是消除图像中无关的信息,恢复有用的真实信息,增强有关信息的可检测性和最大限度地简化数据,从而改进特征抽取、图像分割、匹配和识别的可靠性。预处理过程一般有数字化、几何变换(为纠正图像采集系统的系统误差和仪器位置的随机误差)、归一化(使图像的某些特征在给定变换下具有不变性质)、平滑(消除图像中随机噪声)、复原(校正各种原因所造成的图像退化)和增强(改善图像的视觉效果)、二值化、细化等步骤。

3. 特征提取

实例

掌纹识别中特征提取过程如下所述。

首先提取手掌的主要屈肌线和分区,如图 9.13(a)所示 1、2、3 分别为第一、第二和第三屈肌线;Ⅰ 为指根部,Ⅱ 为内侧部,Ⅲ 外侧部。若 x 和 y 为基准点,m 为中心,u,v 和 w 为三角点,a,b,c,d,e,f,g 和 h 为屈肌线上的点,线 pq 是线 xy 的中垂线。

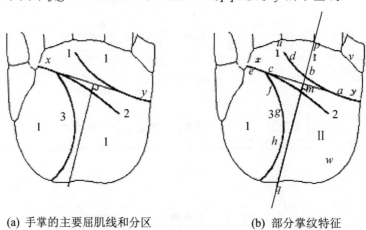

(a) 手掌的主要屈肌线和分区　　　　(b) 部分掌纹特征

图 9.13　掌纹识别中的特征提取

特征提取及其参数见表 9-3,使得手掌图像描述为 27 个特征值。利用这些特征可以进一步完成图像的匹配和识别。

表 9-3　用于提取的特征及其参数

序　　号	特　　征
1,2	手掌长、宽
3～5	u,v 和 w 三角点到中心点 m 的欧式距离
6～8	三角点 u,v 和 w 两两之间的距离

续表

序　号	特　征
9~16	屈肌线上点 a,b,c,d,e,f,g, 和 h 到中心 m 的欧式距离
17~19	点 a, b, d 至基准点 x 的欧式距离
20~22	点 a, b, d 至基准点 y 的欧式距离
23~27	e,f,g 和 h 到垂线 pq 的距离

4. 图像分类

图像分类是根据图像信息中的不同特征，把不同类别的目标区分开来。它利用计算机对图像进行定量分析，把图像或图像中的每个像元或区域划归为若干个类别中的某一种，以代替人的视觉判读。根据前面已经提取的图像的灰度、颜色、纹理、形状、位置等底层特征，可以实现对图像进行分类。经典的图像分类算法有：非监督分类(Unsupervised Classification)和监督分类(Supervised Classification)法。非监督分类如基于 K-均值算法(K-means)、ISODATA 算法等聚类算法。监督分类如：最大似然分类法(Maximum Likelihood Classifier)、最小距离分类法(Minimum Distance Classifier)、马氏距离分类法(Mahalanobis Distance Classifier)、平行六面体分类法(Parallelepiped Classifier)、K-NN 分类法(K-Nearest Neighbors Classifier)等。以图 9.14(a)所示的遥感图像为例，(b)为采用 K-均值聚类算法分类的结果，(c)和(d)分别是聚类前后图像的直方图。

(a) 原图像

(b) K-means 算法聚类图像

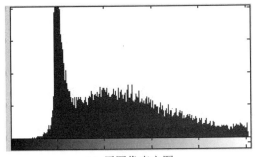

(c) 原图像直方图

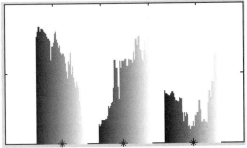

(d) 聚类后图像直方图

图 9.14　遥感图像的聚类

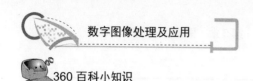

遥感图像影像

凡是只记录各种地物电磁波大小的胶片(或相片)，都称为遥感影像，在遥感中主要是指航空照片和卫星照片。遥感图像分辨率主要分为以下几种。

(1) 空间分辨率(Spatial Resolution)又称地面分辨率。后者是针对地面而言，指可以识别的最小地面距离或最小目标物的大小。前者是针对遥感器或图像而言的，指图像上能够详细区分的最小单元的尺寸或大小，或指遥感器区分两个目标的最小角度或线性距离的度量。

(2) 光谱分辨率(Spectral Resolution)指遥感器接受目标辐射时能分辨的最小波长间隔。间隔越小，分辨率越高。所选用的波段数量的多少、各波段的波长位置以及波长间隔的大小，这3个因素共同决定光谱分辨率。

(3) 辐射分辨率(Radiant Resolution)指探测器的灵敏度——遥感器感测元件在接收光谱信号时能分辨的最小辐射度差，或指对两个不同辐射源的辐射量的分辨能力。一般用灰度的分级数来表示，即最暗至最亮灰度值(亮度值)间分级的数目——量化级数。

(4) 时间分辨率(Temporal Resolution)是关于遥感影像间隔时间的一项性能指标。遥感探测器按一定的时间周期重复采集数据，又称回归周期。它是由飞行器的轨道高度、轨道倾角、运行周期、轨道间隔、偏移系数等参数所决定。这种重复观测的最小时间间隔称为时间分辨率。

编程提示：

```
img=rgb2gray imread ('filename'); %读入图像并灰度化
    c1(i)=100;
    c2(i)=100;
    c3(1)=200;%选择初始聚类中心
% i=1:1000
    r=abs(img-c1(i));
    g=abs(img-c2(i));
    b=abs(img-c3(i));%计算个像素灰度与聚类中心的距离
    r_g=r-g;
    g_b=g-b;
    r_b=r-b;
    n_r=find(r_g<=0&r_b<=0);%寻找最小聚类中心
    n_g=find(r_g>0&g_b<=0);%寻找中间的聚类中心
    n_b=find(g_b>0&r_b>0);%寻找最大聚类中心
    i=i+1;
    c1(i)=sum(img(n_r))/length(n_r);%将所有灰度求和取平均，作为下一个低灰度中心
    c2(i)=sum(img(n_g))/length(n_g);% 将所有低灰度求和取平均,作为下一中间灰度中心
    c3(i)=sum(img(n_b))/length(n_b);% 将所有低灰度求和取平均,作为下一个高灰度中心
    img(find(img<R))=10; %分成3类
    img(find(img>R&img<G))=128;
    img(find(img>G))=250;
```

5) 图像匹配

为了克服基于灰度进行图像匹配的缺点，研究人员提出了基于特征的匹配方法。通过对图像的颜色、纹理、形状、结构、关系等重要特征，进行相似性和一致性分析，寻求相同图像目标的方法。衡量图像之间在颜色上的相似性需要定义一种相似度(距离)标准，它通常定义为某种代价函数或是距离函数的形式，经典相似性度量包括相关函数和距离测度。常用的相似度测度方法包括：欧氏距离、城市街区距离和棋盘距离等。这些距离的描述在第2章中详细介绍。

小知识

图像匹配的起源与应用(王红梅，张科，李言俊等《图像匹配研究进展》)

图像匹配最早是美国20世纪70年代从事飞行器辅助导航系统。巡航导弹末制导采用景象匹配来确定导弹的准确位置；对来自多个传感器图像进行融合时，首先对图像进行配准，立体视觉中，为了获得图像的深度图，需要寻找场景中同一点在两幅图像中的共轭会，这也是图像匹配研究的内容，此外图像识别和跟踪中也广泛使用了图像匹配技术。

习　　题

一、简答题

1. 什么是图像特征？图像特征提取和图像识别有什么联系？

2. 什么是图像的纹理？常用的纹理特征有哪些？它们各自具有什么特点？

3. 给出数字图像中心矩的公式，并解释公式中各符号的含义。

4. 图像的空间关系有哪些？根据教材中给出的4种空间关系的实例，请给出保持"覆盖"关系的目标示意图。

5. 在指纹图像识别中，常需要提取哪些特征作为匹配的要素？

二、简单计算

1. 计算图9.15图像的面积、周长。

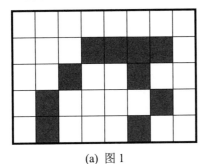

(a) 图1

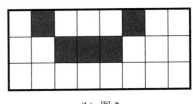

(b) 图2

图9.15　习题简单计算图

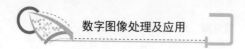

2. 写出图 9.15 中的 Freeman 链码，起始点任意选择。

三、编程实践

1. 利用 MATLAB 语言编程，求解 Lena 图像(或自行下载)的灰度共生矩阵，所有参数自行定义，并给出理由。

2. 利用 MATLAB 语言编程，求解图 9.16 中不同目标的圆形度。

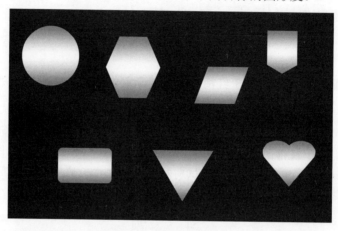

图 9.16　习题偏程实践图

第**10**章
数字图像处理技术典型应用的系统设计

图像是人类获取知识和交换信息的主要来源，因此数字图像处理的应用领域必然涉及人类生活的各个方面。本章设计了数字图像在遥感图像处理领域和信息安全领域的两个典型应用系统实例，帮助读者进一步加深对数字图像处理的认识。

教 学 目 标

- 了解数字图像在遥感图像处理领域应用的相关知识；
- 了解数字图像在数字水印技术领域应用的相关知识。

教 学 要 求

知 识 要 点	能 力 要 求	相 关 知 识
遥感图像处理	(1) 了解数字图像在遥感图像处理领域应用的相关知识 (2) 熟悉系统实现详细过程的编程方法	遥感图像
信息安全领域图像处理	(1) 了解数字图像在数字水印技术中的相关知识 (2) 熟悉系统实现的详细过程和编程方法	DCT 变换

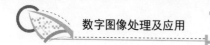

推荐阅读资料

[1] 赵小川，何灏，缪远诚，等. MATLAB 数字图像处理实战[M]. 北京：机械工业出版社，2013.

[2] 张德丰. MATLAB 数字图像处理[M]. 2版. 北京：机械工业出版社，2012.

[3] 王丽娜，郭迟，李鹏. 信息隐藏技术实验教程[M]. 武汉：武汉大学出版社，2004.

[4] [美]R. C. 冈萨雷斯，等. 数字图像处理[M]. 阮秋琦，等译. 3版. 北京：电子工业出版社，2011.

引例

(来源于百度百科)

自2006年起，中国先后发射了12颗遥感系列卫星，承担研制任务的是中国航天科技集团公司及其所属研究院。遥感卫星主要用于科学试验、国土资源普查、农作物估产和防灾减灾等领域。

2006年4月27日，中国在酒泉卫星发射中心用"长征四号乙"运载火箭成功将"遥感卫星一号"送入太空。

2007年5月25日，中国在酒泉卫星发射中心用"长征二号丁"运载火箭成功将"遥感卫星二号"送入太空。

2007年11月12日，中国在太原卫星发射中心用"长征四号丙"运载火箭成功将"遥感卫星三号"送入太空。

2008年12月1日，中国在酒泉卫星发射中心用"长征二号丁"运载火箭成功将"遥感卫星四号"送入太空。

2008年12月15日，中国太原卫星发射中心用"长征四号乙"运载火箭将"遥感卫星五号"成功送入太空。

2009年4月22日，中国在太原卫星发射中心用"长征二号丙"运载火箭成功地将"遥感卫星六号"送入太空。

2009年12月9日，中国在酒泉卫星发射中心用"长征二号丁"运载火箭，将"遥感卫星七号"成功送入太空预定轨道。

2009年12月16日，中国在太原卫星发射中心用"长征四号丙"运载火箭成功地将"遥感卫星八号"送入太空，搭载火箭升空的我国首颗公益小卫星"希望一号"也顺利进入预定的太阳同步轨道。

2010年3月5日，中国在酒泉卫星发射中心用"长征四号丙"运载火箭，将"遥感卫星九号"成功送入太空预定轨道。

2010年8月10日，"长征四号丙"运载火箭在太原卫星发射中心成功地将"遥感卫星十号"送入预定轨道。

2010年9月22日，中我国在酒泉卫星发射中心用"长征二号丁"运载火箭成功将

"遥感卫星十一号"送入太空。同时，搭载发射了浙江大学研制的两颗"皮星一号 A"卫星。

2011 年 11 月 9 日，中国在太原卫星发射中心用"长征四号乙"运载火箭，成功将"遥感卫星十二号"送入太空。同时，成功搭载发射了"天巡一号"卫星。

2014 年 8 月 9 日 13 时 45 分，我国在酒泉卫星发射中心用"长征四号丙"运载火箭，成功将"遥感卫星二十号"送入太空。

"遥感卫星二十号"主要用于科学试验、国土资源普查、农作物估产及防灾减灾等领域。这是长征系列运载火箭的第 190 次飞行。

图 10.1 依次为 2006 年开始所发射的"遥感卫星一号"和最新的"遥感卫星十二号"的发射现场图片。

图 10.1　遥感卫星发射现场图

遥感图像处理是对遥感图像进行辐射校正和几何纠正、图像整饰、投影变换、镶嵌、特征提取、分类以及各种专题处理的方法。数字处理方式灵活，重复性好，处理速度快，容易满足特殊的应用要求，因而得到广泛的应用。

10.1　数字图像处理在遥感图像领域的应用

遥感是利用遥感器从空中来探测地面物体的性质的一门对地观测技术，它的出现和发展是人们探索和认识自然界的客观需要。本节重点介绍遥感图像处理系统的设计，使读者对遥感图像处理有一个大体了解，同时掌握一些基本的处理方法。

10.1.1　遥感基本知识

从广义上讲，遥感是不直接接触地远距离收集关于特定对象的某些信息，以达到了解这个对象的性质。遥感技术具有以下几个方面特点。

(1) 探测范围广，采集数据快。遥感探测器可以在很短时间内，快速地从太空中对大范围地区进行观测，从中获取有价值的图像数据。

(2) 数据综合性。遥感图像中包含有各种事物的形态分布，体现了真实的地质、地貌、土壤、植被、水文以及建筑物结构等地物特征，全面体现地理事物之间的关联性。

(3) 动态反映地物变化。遥感图像可以周期性地对同一地区进行探测，所得到的图像真实地反映了该地区事物在一段时间内的变化态势，在检测天气状况、自然灾害、环境污染以及国土变化等方面具有不可替代的优势。

10.1.2 遥感图像处理的意义

遥感信息的主要表现形式是数字图像，研究遥感图像处理技术在遥感领域具有重要意义。不同时期的遥感图像可以反映出一个地区的动态变换信息，如城市变迁、道路扩建改动、植被变化以及土壤侵蚀等等。图像的边缘检测和分割可以在军事上帮助军方快速找到城镇、机场、道路以及桥梁等重要信息。遥感图像应用范围的扩大对经济和社会发展有着重大的影响。图 10.2 通过遥感图像显示了汶川地震前后地貌的变化。遥感图像处理与分析是遥感技术中的一个关键环节，随着计算机技术的发展，数字图像处理在遥感技术中的作用将会变得越来越大。

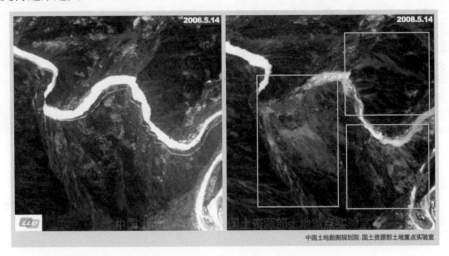

图 10.2 汶川地震前后遥感图像对比图(来源于中国土地勘探规划院网络资源)

10.1.3 遥感图像处理系统设计

本节将重点介绍基于遥感图像的图像处理系统设计。

1. 系统组成

数字图像处理包含有许多方面的内容，本系统主要介绍一些基本的遥感图像处理方法。系统主要由两部分组成：基本处理和高级处理。其中基本处理包含有遥感图像的直方图均衡化、直方图匹配、伪彩色化、遥感图像旋转及有效内容提取。而高级处理则包含有遥感图像的增强、压缩和分割。系统的主界面设计如图 10.3 所示。

2. 遥感图像的基本处理

1) 直方图均衡化

当遥感图像中出现大量较暗或较亮的区域时，其直方图分布会集中在灰度级的两端，均衡化是常用的直方图修正方法，可以将灰度级均匀分布在一定区间。图 10.4 和图 10.5 分别是均衡化前后的图像以及直方图。

图 10.3　遥感图像处理系统主界面

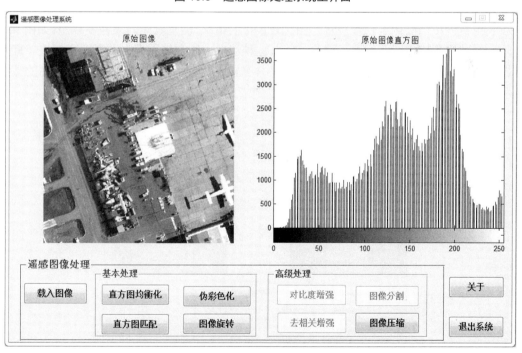

图 10.4　原始图像及其直方图分布

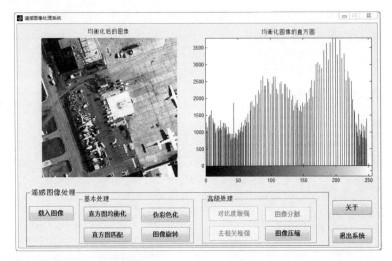

图 10.5　均衡化后的图像和直方图分布

编程提示：

```
junhenghua = histeq(I_bai,256); %变量 I_bai 为读入的图像
axes(handles.axes1);
imshow(junhenghua);title('均衡化后的图像');
axes(handles.axes71);
imhist(junhenghua);title('均衡化图像直方图');
```

2) 直方图匹配

利用直方图均衡化可以处理直方图比较集中的情况，但有时候效果并不理想，如图 10.6 所示，经过均衡化的图像出现了褪色，针对这种情况，通常使用直方图匹配来解决。直方图匹配可以使期望的直方图在灰度级的一段具有较小的集中范围，同时保留直方图的大致形状。图 10.7 为使用直方图匹配后的效果。

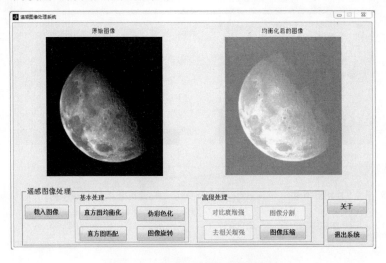

图 10.6　不适合均衡化的效果图

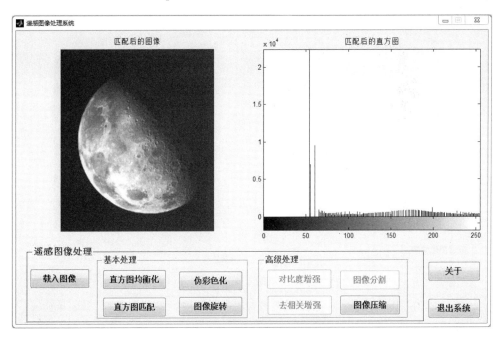

图 10.7　直方图匹配效果图

编程提示：

```
    p = twomodegauss(0.15,0.05,0.75,0.05,1.0,0.07,0.002);%利用多峰值高斯函数模拟
直方图
    gg = histeq(I_bai,p); %变量 I_bai 为读入的图像
    axes(handles.axes1);
    imshow(gg);title('匹配后的图像');
    axes(handles.axes71);
    imhist(gg);title('匹配后的直方图');

    function p_k = twomodegauss(m1, sig1, m2, sig2, A1, A2, k)
        c1 = A1*(1/((2*pi)^0.5)*sig1);
        k1 = 2*(sig1^2);
        c2 = A2*(1/((2*pi)^0.5)*sig2);
        k2 = 2*(sig2^2);
        z = linspace(0,1,256);
        p_k = k + c1*exp(-((z-m1).^2)./k1) + c2*exp(-((z-m2).^2)./k2);
        p_k = p_k./sum(p_k(:));
    end
```

3) 图像伪彩色化

图像伪彩色化也属于图像增强的一种，通常是得到 R、G、B 这 3 个分量的 3 幅图像，将它们作为三基色分量分别加载到彩色显示器的红、绿、蓝显示通道，进而实现伪彩色增强。图 10.8 给出了伪彩色化的效果。

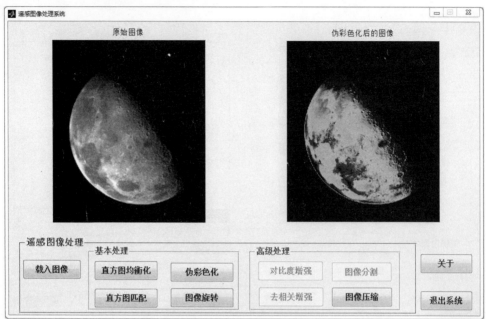

图 10.8 伪彩色化的效果图

编程提示：

```
axes(handles.axes1);
imshow(I_bai);title('原始图像'); %变量I_bai为读入的图像

z=3;
[x y,k]=size(I_bai);
img=double(I_bai);
img_cai=zeros(x,y,z);
Max=max(max(max(img)));
Min=min(min(min(img)));
img=(255/(Max-Min))*img-(255*Min)/(Max-Min);
r=1;
g=2;
b=3;

for i=1:x
    for j=1:y
        temp=(2*pi/(Max-Min))*img(i,j)-(2*pi*Min)/(Max-Min);
            if temp<=pi/2
            img_cai(i,j,r)=0;
            img_cai(i,j,g)=0;
            img_cai(i,j,b)=255*(sin(temp));
        end

        if temp>pi/2 && temp<=pi
            img_cai(i,g,r)=0;
```

```
        img_cai(i,j,g)=255*(-cos(temp));
        img_cai(i,j,b)=255*(sin(temp));
    end

    if temp>pi && temp<=pi*3/2
        img_cai(i,j,r)=255*(-sin(temp));
        img_cai(i,j,g)=255*(-cos(temp));
        img_cai(i,j,b)=0;
    end

    if temp>pi*3/2
        img_cai(i,j,r)=255*(-sin(temp));
        img_cai(i,j,g)=0;
        img_cai(i,j,b)=0;
    end

    end
end

axes(handles.axes71);
imshow(uint8(img_cai));title('伪彩色化后的图像');
```

4) 图像旋转

图像旋转主要针对坐标不规则的图像，对于旋转之后的图像可能存在大量无效区域，图 10.9 中原始图像的黑色区域，而此时用户可能只对有效区域内容感兴趣，因此在旋转之后也有必要将图像的有效区域进行提取，以便进行后续的处理。图像旋转只要用到了 imrotate 函数，而提取有效区域主要用到了 imcrop 函数。

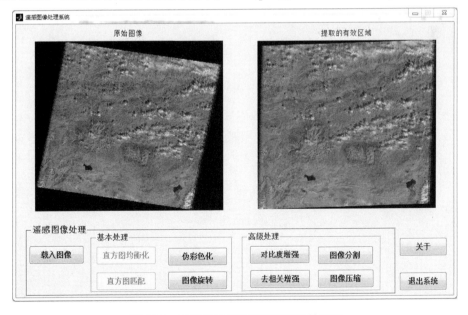

图 10.9　图像旋转及有效区域提取效果图

编程提示：

```
axes(handles.axes1);
imshow(I_bai);title('原始图像');  %变量 I_bai 为读入的图像

for i=1:10 %此处设定旋转的角度
    g=imrotate(I_bai,i,'bilinear','crop');
    axes(handles.axes71);
    imshow(g);title('旋转ª');pause(.3);
end

[x,y,z]=size(g);
flag=1;
for i=1:x
    for j=1:y
        if g(i,j,1)>100&flag==1  %需确定阈值
            x1=i;
            flag=0;
        end
        if g(i,j,1)>100
            x2=i;
        end
    end
end
for j=1:y
    for i=1:x
        if g(i,j,1)>100&flag==0
            y1=j;
            flag=1;
        end
        if g(i,j,1)>100
            y2=j;
        end
    end
end

y0=y2-y1;
x0=x2-x1;
rect=[y1,x1,y0,x0];
g_2=imcrop(g,rect);

axes(handles.axes71);
imshow(g_2);title('提取的有效区域');
```

3. 遥感图像的高级处理

1) 图像增强

遥感数据中的多光谱数据或反射率数据生成的图像通常需要进行增强处理，以便适合视觉解释本系统提供两种图像增强的方法：对比度扩展增强和去相关增强，如图 10.10 和图 10.11 所示。

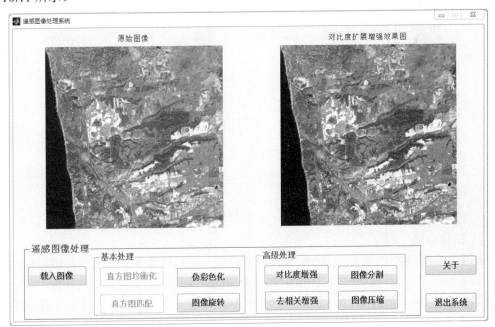

图 10.10　对比度扩展增强效果图

编程提示：

```
axes(handles.axes1);
imshow(I_bai);title('原始图像'); %变量 I_bai 为读入的图像
stretched_truecolor = imadjust(I_bai,stretchlim(I_bai));
axes(handles.axes71);
imshow(stretched_truecolor);title('对比度扩展增强效果图');
```

由图 10.10 可见对比扩展增强处理只是将原来不清晰的图像变得清晰或强调某些感兴趣的区域。而利用去除相关增强算法则将图像中不同的波段进行夸大，图像中不同特征的可识别度得到极大提高，如图 10.11 所示。

编程提示：

```
axes(handles.axes1);
imshow(I_bai);title('原始图像'); %变量 I_bai 为读入的图像
decorrstretched_truecolor = decorrstretch(I_bai,'Tol',0.01);
axes(handles.axes71);
imshow(decorrstretched_truecolor);title('去相关增强效果图');
```

图 10.11　去相关增强效果图

2) 图像分割

图像分割采用彩色图像的 RGB 空间分割模式，在目标图像上选取一块感兴趣区域来获取该区域的平均颜色，通过对图像中每一个 RGB 像素进行分类来完成分割，具体原理已在第 8 章中详细描述。图 10.12 给出了通过 RGB 分割后的效果图，图中原始图像上的蓝色小框区域时选定的感兴趣区域。

图 10.12　图像分割效果图

编程提示:

```
axes(handles.axes1);
imshow(I_bai); %变量 I_bai 为读入的图像
title('请选择感兴趣区域');pause(1)%可以选择不同颜色的区域,根据所选择的亚瑟区域进行
分割

mask=roipoly(I);%roipoly 为选择感兴趣区域的多边形

red=immultiply(mask,I_bai(:,:,1));%immultipy 两幅图像对应的像素相乘
green=immultiply(mask,I_bai(:,:,2));
blue=immultiply(mask,I_bai(:,:,3));
g=cat(3,red,green,blue);

[M,N,K]=size(g);
I_k=reshape(g,M*N,3);
idx=find(mask);
I_k=double(I_k(idx,1:3));
[C,m]=covmatrix(I_k);%计算协方差矩阵 C 和均值 m

d=diag(C);%求方差
sd=sqrt(d)';%求标准差

E75=colorseg('seuclidean',I_bai,75,m);

axes(handles.axes71);
imshow(E75);title('分割效果');
```

3) 图像压缩

遥感图像通常占据较大存储空间,因此有必要对其进行一定的压缩处理。小波变换是图像压缩中常见的方式。经过小波变换后的图像能量主要集中在少数小波系数上,当去掉一部分能量较低的系数后,图像得到有效的压缩,并且恢复的图像视觉质量依然较高。图 10.13 给出了经小波变换压缩后的图像效果。原始图像大小为 590×590,压缩次级设置为 1,即仅提取小波分解第一层的低频信息,压缩之后的图像为 302×302,压缩比达到 4:1,但视觉质量并没有下降很多。若压缩次级设置为 2,则是提取第二层分解的低频信息,压缩比可以达到 12:1,但此时视觉质量会明显下降。从理论上说,利用小波压缩可以获得任意压缩比的压缩图像,但若要得到高质量压缩图像时,就需要综合考虑其他压缩方法。

图 10.13　小波变换图像压缩效果图

编程提示：

```
axes(handles.axes1);
imshow(I_bai);title('原始图像'); %变量 I_bai 为读入的图像

[c,s]=wavedec2(I_bai,2,'bior3.7');
ca1=appcoef2(c,s,'bior3.7',1);%重构图像，压缩级次为1
ca1=wcodemat(ca1,255,'mat',0);
img_2=mat2gray(ca1);
axes(handles.axes71);
imshow(img_2);title('小波压缩效果');
```

　　本系统针对遥感图像的特点设计不同的处理方法，是数字图像处理技术在遥感图像处理中的一个简单应用范例。在进一步的学习中，还需要针对不同的需求设计复杂的处理算法，如遥感图像的融合以及遥感图像的校正等，这些需要进一步的学习中深入探讨。

10.2　数字图像处理基于数字水印技术的应用

　　近年来，因特网技术飞速发展，传统的纸质媒体如今在网络上都以数字形式存在，比如图像、视频、音频等，但是由于数字产品很容易被复制，这使得数字产品的版权保护产生了严重危机。数字水印技术(Digital Watermarking)正是在这种背景下应运而生，该技术将版权信息和产品序列号隐藏在数字媒体中，通过提取验证来确保数字版权没有受到侵害。

10.2.1　数字水印技术介绍

数字水印技术是一种有效的版权保护和数据安全保护技术，它属于信息隐藏技术的一个分支。数字水印技术将具有特定意义的版权信息(水印)利用一定的算法嵌入在数字媒体(图像、视频、音频等)中，用于证明创作者对其版权的所有权证据。数字水印技术已经成为知识产权保护和数字媒体防伪的有效手段。由于数字图像很容易被复制，传统的密码学方法并不能很好地解决这个问题，而数字水印技术以信号处理的方法在数字化的图像中嵌入版权标识，非常适合于数字图像的版权保护。

10.2.2　数字水印的特点

数字水印技术具有以下几个重要特点。

(1) 不可察觉性。水印和图像具有一致性分布，如统计噪声分布等，使得攻击者无法确认图像中是否含有水印信息。

(2) 鲁棒性。图像嵌入水印之后，两者将紧密结合，可以抵抗大多数的攻击，比如噪声干扰、滤波、压缩、剪切等。

(3) 低复杂性。水印前如何提取算法都应该是简单易行。

(4) 盲检测性。水印的检测盒提取不需要原始图像的具体信息。

经验总结

①嵌入的信息量越多，水印的鲁棒性就越低；②水印的嵌入强度和不可察觉性有一个均衡，嵌入强度越大，不可察觉性就越弱。

百度百科

数字水印起源于古老的水印技术。这里提到的"水印"技术是指传统水印，即印在传统载体上的水印，如纸币上的水印、邮票股票上的水印等，这些传统的"水印"用来证明其内容的合法性。正是由于纸张水印和消隐技术的特性才真正地启发了在数字环境下水印的首次使用。数字水印的产生最早可追溯到 1954 年，它的产生源于对数字产品的保护。在 1954 年，Muzak 公司的埃米利·希姆布鲁克(Emil Hembrooke)为带有水印的音乐作品申请了一项专利。在这项专利中，通过间歇性地应用中心频率为 1kHz 的窄带陷波器，认证码就被插入到音乐中。该频率上能量的缺失表征使用了陷波滤波器，而缺失的持续时间通常被编码为点或长划，此认证码使用了莫尔斯电码。从那时起，人们开始发展大量的水印技术并由此展开了各种各样的应用，但这时的数字水印只是作为一种版权认证的工具，并没有成为一门科学。直到 20 世纪 90 年代初期，数字水印才作为一个研究课题受到了足够的重视。1993 年 A.Z.Tirkel 等所撰写的 Electronic water mark 一文中首次使用了"water mark"这一术语。这一命名标志着数字水印技术作为一门正式研究学科的诞生。后来二词合二为一就成为"watermark"，而现在一般都使用"digital watermarking"一词来表示"数字水印"。现在我们所说的"水印"一般指的都是数字水印。

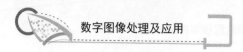
图 10.14 为我国清代 1885 年发行的小龙邮票上，有太极图水印的图像；以及 1941 年发行的中华版孙中山像邮票，有一篆文"邮"字水印。

图 10.14 传统的水印技术

10.2.3 数字水印技术的基本原理

从图像处理角度上看，嵌入水印可以说是在一个强信号(原始图像)上叠加一个较弱的信号(水印)，由于人的视觉系统对图像的分辨率有限，这使得叠加的信号只要不超过一定的阈值就可以让人觉察不出额外信号的存在。因此，对原始图像在不影响视觉效果的情况下做一定处理并添加额外信息是完全可行的。

(1) 数字水印嵌入过程，如图 10.15 所示。

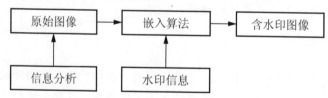

图 10.15 数字水印嵌入过程示意图

(2) 数字水印提取过程，如图 10.16 所示，提取过程中包含了恶意攻击者的攻击过程。

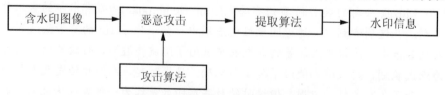

图 10.16 数字水印提取过程示意图

10.2.4 基于 DCT 变换的数字水印系统设计

DCT 变换又叫离散余弦变换，是图像处理中常用的变换之一。关于 DCT 变换的原理已经在前面章节中详细论述。下面将重点介绍基于 DCT 变换的数字水印技术的系统设计。

1. 系统组成

该系统主要由两部分组成：水印嵌入和水印提取。其中水印提取过程包含有 5 种攻击方法，分别是噪声攻击、滤波攻击、压缩攻击、剪切攻击和旋转攻击。系统的主界面设计如图 10.17 所示。

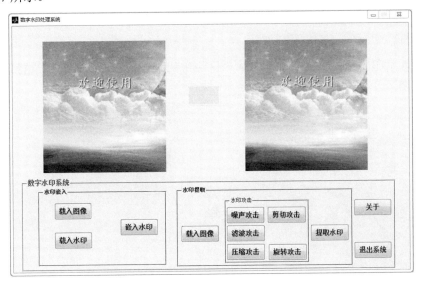

图 10.17　基于 DCT 变换的数字水印系统主界面

2. 水印嵌入

(1) 读入载体图像。单击"水印嵌入"区域中的"载入图像"按钮，选择载体图像，如图 10.18 所示的界面。

图 10.18　选择载体图像

编程提示：

```
    [filename1 pathname] = uigetfile({'.\original_image\*.*'}, '      ');  %载
入路径
    str=[pathname filename1];
    I=imread(str);
    axes(handles.axes1);
    imshow(I);title('原始图像');
```

(2) 读入水印图像。单击"水印嵌入"区域中的"载入水印"按钮，选择水印图像，如图 11.19 所示。

图 10.19　选择水印图像

编程提示：

```
    [filename2 pathname] =uigetfile({'.\original_image\*.bmp'},'      ');  %载入
路径
    str=[pathname filename2];
    I_bai=imread(str);
    I_bai=double(I_bai)/255;
    I_bai=round(I_bai);
    axes(handles.axes72);  %显示水印图像
    imshow(I_bai);title('水印图像');
```

(3) 嵌入操作。当载体图像和水印图像都读入之后，单击"嵌入水印"按钮，完成水印嵌入并显示嵌入后的图像，如图 10.20 所示。

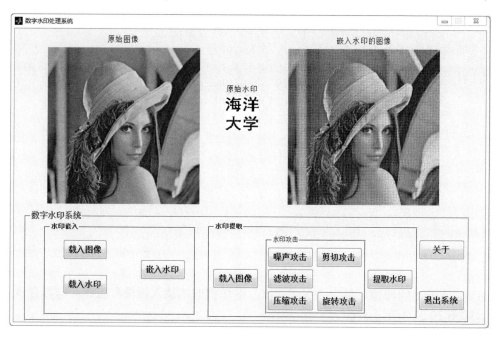

图 10.20　水印嵌入操作示意图

编程提示：

```
%%%嵌入过程%%%%%
mark=I_bai; %I_bai 为水印信息
dimI=size(I_bai);
rm=dimI(1);cm=dimI(2);

alpha=40;%此处为嵌入参数，参数值越大，嵌入后视觉效果越差，但提取的水印清晰度越高。反%
        之，则清晰度越低
randn('seed', 99);
k1=randn(1,8);
randn('seed', 9);
k2=randn(1,8); % k1 和 k2 为随机数，可通过密钥控制
[r,c]=size(I);
cda0=blkproc(I,[8,8],'dct2');

cda1=cda0;
for i=1:rm
    for j=1:cm
        x=(i-1)*8;y=(j-1)*8;
        if mark(i,j)==1
            k=k1;
        else
            k=k2;
        end
        cda1(x+1,y+8)=cda0(x+1,y+8)+alpha*k(1);
```

```
        cda1(x+2,y+7)=cda0(x+2,y+7)+alpha*k(2);
        cda1(x+3,y+6)=cda0(x+3,y+6)+alpha*k(3);
        cda1(x+4,y+5)=cda0(x+4,y+5)+alpha*k(4);
        cda1(x+5,y+4)=cda0(x+5,y+4)+alpha*k(5);
        cda1(x+6,y+3)=cda0(x+6,y+3)+alpha*k(6);
        cda1(x+7,y+2)=cda0(x+7,y+2)+alpha*k(7);
        cda1(x+8,y+1)=cda0(x+8,y+1)+alpha*k(8);
    end
end
a1=blkproc(cda1,[8,8],'idct2');
a_1=uint8(a1);
imwrite(a_1,['.\watermark_image\',filename1],'bmp');
axes(handles.axes71);
imshow(a_1);title('嵌入水印的图像');
```

3. 提取水印

(1) 读入含水印图像。单击"水印提取"区域中的"载入图像"按钮，选择含水印的图像，如图 10.21 所示的界面。

编程提示：

```
[filename3 pathname] = uigetfile({'.\watermark_image\*.*'}, '    ');
str=[pathname filename3];
I1=imread(str);
attack_I=I1; %attack_I 表示收到攻击后的图像，若无攻击，则直接提取
axes(handles.axes1);
imshow(I1);title('含水印图像');
```

图 10.21　读入含水印的图像

（2）选择攻击类型。单击"水印攻击"框中的任意一种攻击类型，则显示图像受到攻击后的效果。以噪声攻击为例，如图 10.22 所示。

图 10.22　受到噪声攻击后的图像

编程提示：

```
%%%%%%噪声攻击%%%%%%%%%
WImage2=double(I1);%I1 表示读入的含水印图像
noise0=20*randn(size(WImage2));
WImage2=WImage2+noise0;
axes(handles.axes71);
imshow(WImage2,[]);title('白噪声攻击图像');

M1=WImage2;
attack_I=uint8(M1);
imwrite(attack_I,['.\attack_image\whitenoise_',filename3],'bmp');

%%%%%%滤波攻击%%%%%%%%%
WImage3=double(I1);
H=fspecial('gaussian',[4,4],0.2);
WImage3=imfilter(WImage3,H);
axes(handles.axes71);
imshow(WImage3,[]);title('滤波攻击图像');

M1=WImage3;
attack_I=uint8(M1);
imwrite(attack_I,['.\attack_image\filter_',filename3],'bmp');
```

```
%%%%%%%压缩攻击%%%%%%%%
WImage4=double(I1);
WImage4=im2double(WImage4);
cnum=10;
dctm=dctmtx(8);
P1=dctm;
P2=dctm.';
imageDCT=blkproc(WImage4,[8,8],'P1*x*P2',dctm,dctm.');
DCTvar=im2col(imageDCT,[8,8],'distinct').';
n=size(DCTvar,1);
DCTvar=(sum(DCTvar.*DCTvar)-(sum(DCTvar)/n).^2)/n;
[dum,order]=sort(DCTvar);
cnum=64-cnum;
mask=ones(8,8);
mask(order(1:cnum))=zeros(1,cnum);
im88=zeros(9,9);
im88(1:8,1:8)=mask;
im128128=kron(im88(1:8,1:8),ones(16));
dctm=dctmtx(8);
P1=dctm.';
P2=mask(1:8,1:8);
P3=dctm;
WImage4=blkproc(imageDCT,[8,8],'P1*(x.*P2)*P3',dctm.',mask(1:8,1:8),dctm);
WImage4cl=mat2gray(WImage4);
axes(handles.axes71);
imshow(WImage4cl,[]);title('压缩攻击图像');

M1=WImage4cl*255;
attack_I=uint8(M1);
imwrite(attack_I,['.\attack_image\compress_',filename3],'bmp');

%%%%%%%剪切攻击%%%%%%%%
WImage5=double(I1);
r = randperm(256);
WImage5(r(1):r(1)+64,r(2):r(2)+256)=512;
WImage5cl=mat2gray(WImage5);
axes(handles.axes71);
imshow(WImage5cl,[]);title('剪切攻击图像');

M1=WImage5cl*255;
attack_I=uint8(M1);
imwrite(attack_I,['.\attack_image\crop_',filename3],'bmp');

%%%%%%%旋转攻击%%%%%%%%
```

```
WImage6=double(I1);
WImage6=imrotate(WImage6,10,'bilinear','crop');
WImage6cl=mat2gray(WImage6);
axes(handles.axes71);
imshow(WImage6cl,[]);title('旋转攻击图像');


M1=WImage6cl*255;
attack_I=uint8(M1);
imwrite(attack_I,['.\attack_image\rotate_',filename3],'bmp');
```

(3) 水印提取。单击"提取水印"按钮，则对受攻击的图像进行提取水印。如果图像未受到任何攻击，则对读入的含水印图像直接提取。还以噪声攻击为例提取水印，如图 10.23 所示。

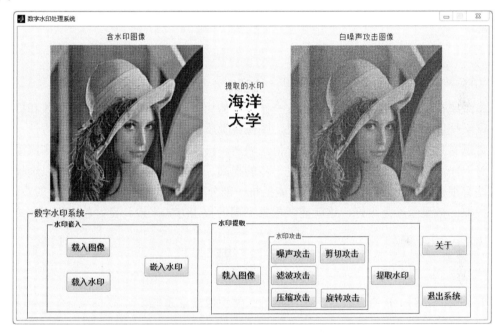

图 10.23 提取水印操作示意图

编程提示：

```
randn('seed', 99);%随机数
k1=randn(1,8);
randn('seed', 9);%随机数
k2=randn(1,8);
M1=double(attack_I);
dca1=blkproc(M1,[8,8],'dct2');
p=zeros(1,8);
for i=1:64
    for j=1:64   %这里暂定水印图像尺寸为 64×64
        x=(i-1)*8;y=(j-1)*8;
```

```
        p(1)=dca1(x+1,y+8);
        p(2)=dca1(x+2,y+7);
        p(3)=dca1(x+3,y+6);
        p(4)=dca1(x+4,y+5);
        p(5)=dca1(x+5,y+4);
        p(6)=dca1(x+6,y+3);
        p(7)=dca1(x+7,y+2);
        p(8)=dca1(x+8,y+1);
        if corr2(p,k1)>corr2(p,k2)
            mark1(i,j)=1;
        else
            mark1(i,j)=0;
        end
    end
end

axes(handles.axes72);
imshow(mark1);title('提取的水印');
```

本系统针对数字图像处理在信息安全领域的应用，设计出了数字水印的嵌入和提取系统。该系统展示了嵌入前后的图像效果，图像视觉质量良好。对于不同的攻击方法，水印依然可以有效提取，具有良好的应用价值。当然，该系统仅仅是给出了完整水印应用的范例，对于嵌入后的图像质量依然需要进一步的提高，另外，由于水印攻击者可以选择的攻击方法有很多，不同的嵌入方法可能仅能抵抗一部分攻击，比如利用该系统中旋转攻击时，水印提取的效果就不是很好，这就需要根据不同的攻击方式来设计良好的水印嵌入方法。

习　　题

1. 利用 MATLAB 语言设计一个简单的医学图像处理系统。
2. 利用 MATLAB 语言尝试设计将 10.2 节中的 DCT 域嵌入水印改为在小波域中嵌入。

第 11 章
实　　验

实验 1　图像的基本操作

1. 实验目的

学会用 MATLAB 工具箱中的函数对图像进行读取、显示和保存、彩色图像灰度化及二值化等的基本操作。

2. 实验内容

(1) 仔细阅读 MATLAB 帮助文件中有关函数 imread, imshow, size, whos, imwrite, rgb2gray，im2bw 等使用说明，能充分理解其使用方法。

(2) 能运用以上函数完成相应的实验操作，显示并解释实验结果。

3. 实验要求

掌握并能熟练应用上述函数。实验报告需要提交每步处理的命令并回答相关的问题。

4. 实验相关知识

MATLAB 支持的图像格式包括 TIFF、JPEG、GIF、BMP、PNG、XWD 等，其中 GIF 不支持写。相关函数的使用简介如下所述。

1) imread

使用函数 imread 可以将图像读入 MATLAB 环境，imread 的语法为 imread('filename')，其中 filename 是一个含有图像文件全名的字符串(包括任何可用的扩展名)。例如，f=imread('picture1.jpg')。

要想读取指定路径中的图像，最简单的办法就是在 filename 中输入完整或相对的路径。例如，f=imread('D:\myimages\picture1.jpg')。

2) imshow

函数 imshow 显示图像基本语法为：imshow(f, G)。其中，f 是图像数组，G 是显示该图像的灰度级数。若省略 G，则默认的灰度级数是 256。语法 imshow(f, [low high])会将所有小于或等于 low 的值都显示为黑色，所有大于或等于 high 的值都显示为白色。语法 imshow(f,[ ])可以将变量 low 设置为数组 f 的最小值，将变量 high 设置为数组 f 的最大值。这一形式在显示一幅动态范围较小的图像或既有正值又有负值的图像时非常有用。

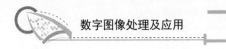

例：

```
    clear all; close all;          %清空 MATLAB 工作平台所有变量
    Image1=imread('pout.tif');     %该图像是 MATLAB 图形工具箱中自带的图像可以不写
全部路径。
    imshow(Image1);
```

3）rgb2gray

将真彩色 RGB 图像转换成灰度图像为：rgb2gray(RGB)。

例：

```
    imrgb = imread('flower.jpg');
    figure('Name', '显示真彩色图像')
    imshow(imrgb)     %显示 RGB 真彩色图像
    imgray = rgb2gray(imrgb);
    figure('Name', '显示灰度图像')
    imshow(imgray)     %显示灰度图像
```

4）im2bw

BW = im2bw(imgray, level) 将灰度图像 imgray 转换为二值图像。输出图像 BW 将输入图像中亮度值大于 level 的像素替换为值 1 (白色)，其他替换为值 0(黑色)。

5）size

函数 size 可给出一幅图像的行数和列数。用如下格式可自动确定一幅灰度图像的大小：[M,N] =size(imgray)；该语法将返回图像的行数(M)和列数(N)。若为真彩色图像则 [M,N,K]=size(imrgb)。

6）whos

函数 whos 可以显示出一个数组的附加信息。语句为：whos imgray。

7）imfinfo

函数 imfinfo 可以观察保存图像的文件信息。语句为：imfinfo('pout.tif') 。

8）imwrite

函数 imwrite 可以将图像写到磁盘上，该函数的语法为 imwrite (imgray, 'filename')。该语法结构中，filename 中包含的字符串必须是一种可识别的文件格式扩展名。若 filename 中不包含路径信息，则 imwrite 会将文件保存到当前的工作目录中。另外一种常用的只适用于 JPEG 图像的函数用法是：imwrite(f, 'filename.jpg', 'quality', q)，q 是一个 0 到 100 间的整数，q 越小，图像退化就越严重。

5. 实验步骤

1）读入和显示图像

(1) 学生提前下载或拍摄图像，并以姓名最后一个字的汉语拼音+学号最后两位命名。(以后所有实验所用的图像均按照此方式获得并命名)

(2) 将图像读入 MATLAB 环境，whos，size，imfinfo 等提取该图像的基本信息，并使用 imshow 将其显示出来。

(3) 读入一幅动态范围很小的图像，使用 imshow(h)和 imshow(h,[])来显示。写出两次图像显示效果有什么差别。

2) 保存图像

读入下载或拍摄图像，将真彩色转化成灰度图像并分别以 q＝50、25、15 和 0 将该图像用 imwrite 函数保存到硬盘上，文件名分别为 c50.jpg、c25.jpg、c15.jpg、c0.jpg。写出 q 值对保存的图像有何影响。

3) 图像之间的变换

用 MATLAB 语言编程读入一幅 24bit 的彩色图像，将其转化成灰度图像、二值图像。将所有图像显示并保存。

实验 2　图像的运算和灰度变换

1. 实验目的

学会用 MATLAB 软件对图像进行常用运算；调用 MATLAB 工具箱中的函数完成灰度变换；掌握任意形式的灰度变换编程方法。

2. 实验内容

用+、−、*、/、imabsdiff、imadd、imcomplement、imdivide、imlincomb、immultiply、imsubtract 和 imadjust 等函数对图像进行运算。

利用灰度变换函数 imadjust 完成图像灰度变换；利用函数变换关系式，编写程序完成任意形式的图像灰度变换。

3. 实验要求

写出每步处理的命令，并提交原图像和处理后的图像。

4. 实验相关知识

1) 代数运算

两幅图像之间进行点对点的加、减、乘、除运算后得到输出图像。可以分别使用 MATLAB 的基本算术符+、−、*、/来执行图像的算术操作，但是在此之前必须将图像转换为适合进行基本操作的双精度类型(命令函数为 double())。为了更方便对图像进行操作，图像处理工具箱中也包含了一个能够实现所有非稀疏数值数据的算术操作的函数集合。如下所示。

imabsdiff：计算两幅图像的绝对差值。

imadd：两个图像的加法。

imcomplement：一个图像的补。

imdivide：两个图像的除法。

imlincomb：计算两幅图像的线性组合。

immultiply：两个图像的乘法。

imsubtract：两个图像的减法。

2) 运算说明

使用图像处理工具箱中的图像代数运算函数无须再进行数据类型间的转换，这些函数能够接受 uint8 和 uint16 数据，并返回相同格式的图像结果。

例：MATLAB 中两幅尺寸相同灰度图像的加法运算(图像的叠加)

```
clear all; close all;
clc;
img1=imread('gray1.bmp');
img2=imread('gray2.bmp');
[m,n]=size(f);
for i=1:m
    for j=1:n
        img3(i,j)=double(img1(i,j))+double(img2(i,j));  %图像的叠加/加法运算
    end
end
```

或者通过 imadd(img1,img2)实现图像的加法运算。

5. 灰度变换

点运算也称为灰度变换，是一种通过对图像中的每个像素值进行运算，从而改善图像显示效果的操作。需要注意的是由于 MATLAB 不支持 uint8 类型数据的矩阵运算，所以首先要将图像数据转换为双精度类型，计算完成后再将其转换为 uint8 类型(命令为 uint8( ))。

MATLAB 图像处理工具箱中提供了灰度变换函数 imadjust，其语法格式为：J=imadjust(I, [low_in high_in], [low_out high_out], gamma)。[low_in high_in]是原图像中要变换的灰度范围，[low_out high_out]是指定变换后的灰度范围，两者的默认值均为[0 1]。gamma 的取值决定了输入图像到输出图像的灰度映射方式，即决定是增强低灰度还是增强高灰度。gamma 大于 1、等于 1 和小于 1 的映射方式如图 11.1 所示。

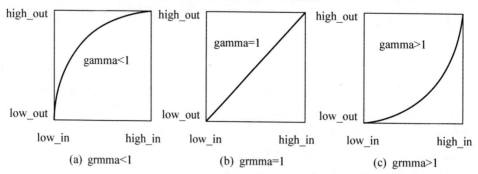

图 11.1　函数 imadjust 中各种可用映射

例：利用函数 imadjust 实现图像的灰度变换

```
Img1=imread('flower.bmp');    %读入原始图像
Img2=imadjust(Img1,[0.2 0.9],[]);
figure;
```

```
subplot(121), imshow(Img1), title('原始图像');
subplot(122), imshow(Img2), title('调节对比度后图像');
```

6. 实验步骤

(1) 仔细阅读 imabsdiff、imadd、imcomplement、imdivide、imlincomb、immultiply 和 imsubtract 的帮助文件(help imabsdiff)，并练习相关函数的使用。

(2) 加法运算：两幅相同格式的灰度图像相加并显示相加结果。若图像每个像素加上一个常数则亮度会增加，若将其中一幅图像每个像素加上 100，显示出结果图像。

(3) 减法运算：将上一步中亮度增加的图像减去原图像，显示出结果，并想想为什么会有这样的结果。

(4) 乘、除法运算：一个图像乘以一个大于 1 的数会使图像变亮，乘以一个小于 1 的数会使图像变暗，使用 immultiply 对图像进行乘法运算，乘以一个常数或是乘以另一个图像。两幅图像的除法操作可以给出相应像素值的变化比率，使用 imdivide 函数进行两幅图像的除法。

(5) 编程完成两幅 24bit 的真彩色图像的叠加、相减、乘法、除法等运算。

(6) 使用函数 imadjust 对读入灰度图像进行灰度变换。设置不同的[low_in high_in]、[low_out high_out]和 gamma 值，实现多种灰度变换，并对比变换后图像的变化情况。

(7) 实现图 11.2(a)和(b)所示的灰度变换(图中 t_1、t_2、s_1、s_2 自己设置合适的数值)。并解释图像变换后的结果。

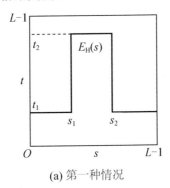

(a) 第一种情况

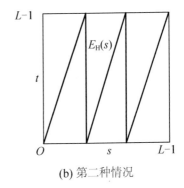

(b) 第二种情况

图 11.2　灰度变换示例

实验 3　图像的直方图均衡化

1. 实验目的

理解直方图的概念，利用 MATLAB 获取和绘制图像的直方图，并进行直方图均衡化处理。

2. 实验内容

学习并应用 imhist 获取图像直方图，利用 histeq 函数进行直方图均衡化处理，实现图像增强。

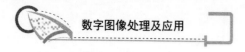
3. 实验要求

提交原图像和各种直方图曲线，以及按直方图处理后的图像。

4. 实验相关知识

直方图均衡化是常见的对比度增强方法。直方图均衡化的过程如下所述。

(1) 列出原始图像和变换后图像的灰度级(L 是灰度级的个数)。

(2) 统计图像中各灰度级的像素个数。

(3) 计算原始图像直方图 $P(i)=N_i/N$。

(4) 计算累计直方图 $P(j)=P(1) + P(2) + P(3) +\cdots+ P(i)$。

(5) 利用灰度值变换函数计算变换后的灰度值，并四舍五入取整；$j=\text{INT}[(L-1)P_j+0.5]$。

(6) 确定灰度变换关系 $i{\rightarrow}j$，据此将原图像的灰度值 imag1(m, n)=i 修正为 imag2(m, n)=j。

(7) 统计变换后的灰度级的像素个数 N_j。

(8) 计算变换后图像的直方图 $P_j=N_j/N$。

有关直方图及其均衡化函数如下所述。

1) imhist

在图像处理工具箱中，计算并显示直方图的函数是 imhist，其基本语法为下面几种。

imhist(Img, n)计算和显示图像数组 Img 的直方图，n 为指定的灰度级数目，默认为 256。如果 Img 是二值图像，那么 n 仅有两个值。

imhist(X, map) 计算和显示索引图像 x 的直方图，map 为调色板。

[counts,x] = imhist(···) 返回直方图数据向量 counts 或相应的色彩值向量 x。

另外，使用 p=imhist(Img, b)/numel(Img)可以得到归一化直方图。函数 numel(Img)给出数组 Img 中的元素个数(即图像中的像素数)。

例：显示图像的直方图。

```
Img=imread('rice.tif')
imshow(Img)
figure,imhist(Img)
```

2) histeq

直方图均衡化由工具箱中的函数 histeq 实现，该函数语法为下面几种。

J = histeq(I, hgram) 将原始图像 I 的直方图变成用户指定的向量 hgram。hgram 中的各元素的值域为[0,1]。

J = histeq(I, n) 指定直方图均衡后的灰度级数 n，默认值为 64。一般来说，我们将 n 赋值为灰度级的最大可能数量(通常为 256)。

[J, T] = histeq(I,···) 返回从能将图像 I 的灰度直方图变换成图像 J 的直方图变换 T。

针对索引图像调色板的直方图均衡化，用法和灰度图像的一样。

```
newmap = histeq(X,map,hgram)
newmap = histeq(X,map)
```

```
[newmap,T] = histeq(X,…)
```

例：

```
I = imread('tire.tif');
J = histeq(I);
imshow(I)
figure, imshow(J)
```

5. 实验步骤

(1) 读入两幅明暗不同的灰度图像，使用 imhist( )函数产生图像的直方图，分析它们的直方图分布及反映图像的特点。

(2) 使用 imadjust( )函数产生图像的对比度图，并使用 imhist( )函数产生两个图像的直方图，分析图像对比度变化后的效果。

(3) 读入一幅图像，使用 histeq ( )函数均衡化图像，分析变化后图像的效果。

实验 4　图像的噪声及复原

1. 实验目的

了解图像的噪声类型及退化模型，学习降低噪声、恢复图像的处理方法；掌握 MATLAB 产生不同类型噪声的函数；掌握退化模型的基本原理及常用的复原方法。

2. 实验内容

学习并使用 imnoise、fspecial 等产生噪声和滤波的函数

3. 实验要求

利用不同函数产生噪声、生成退化图像，分析噪声对图像产生的影响，并思考相应的消除噪声恢复图像的处理方法。

4. 实验相关知识

1) 白噪声

用 MATLAB 产生服从高斯分布，均匀分布，指数分布的白噪声基本语法为下面几种。

```
y=randn(1,100);%高斯分布
y=rand(1,100);%均匀分布
R=exprnd(MU, m, n); 生成m×n 形式的指数分布的随机数矩阵。
```

2) 图像加噪

MATLAB 图像处理工具箱提供 imnoise 函数，可以用该函数给图像添加不同种类的噪声，该函数的调用格式如下所述。

```
J = imnoise(I,type);
J = imnoise(I,type,parameters);
```

其中 I 为原图像的灰度矩阵，J 为加噪声后图像的灰度矩阵；type 和 parameters 的说明见表 11-1。

表 11-1　type 和 parameters 的说明

type	parameters	说　明
gaussian	m, v	均值为 m，方差为 v 的高斯噪声
localvar	v	均值为 0，方差为 v 的高斯白噪声
Poisson	无	泊松噪声
salt&pepper	d	噪声密度为 d 的椒盐噪声
speckle	v	均值为 0，方差为 v 的斑点噪声

需要注意函数 imnoise 在给图像添加噪声前，将它转换为范围[0,1]内的 double 类图像。指定噪声参数时必须考虑到这一点。例如要将均值为 64、方差为 400 的高斯噪声添加到一幅 uint8 类图像上，我们可将均值标度为 64/255，将方差标度为 $400/(255)^2$，以便作为函数 imnoise 的输入。

加了噪声使图像模糊，也可以用如下方式产生：g=gb+noise。gb 为原清晰图像，noise 可以是不同函数产生的白噪声。

例：将图像加入 salt & pepper 噪声，程序如下所示。

```
I = imread('eight.tif');
J = imnoise(I,'salt & pepper',0.02);
figure, imshow(I)
figure, imshow(J)
```

3) 退化函数建模

在图像复原问题中，一个重要的退化模型是在图像获取时传感器和场景之间的均匀线性运动而产生的图像模糊。

(1) fspecial：图像模糊建模函数为 fspecial，线性运动模糊函数格式如下所述。

PSF=fspecial('motion',len,theta)，参数 theta 以度为单位，以顺时针方向对正水平轴度量。len 的默认值是 9，theta 的默认值是 0，它对应于在水平方向上的 9 个像素的移动。

(2) imfilter：函数 imfilter 来创建计算得到的 PSF 的退化图像，函数格式及其属性如下所述。

g=imfilter(f, PSF, 'circular')。其中，'circular'用来减少边界效应。然后通过添加适当的噪声来构造退化的图像模型：g=g+noise。噪声的产生方法见内容 1)、2)。

例：对测试图像进行线性运动模糊退化处理。

```
f=checkerboard(8);                %先产生一个测试板图像
PSF=fspecial('motion',7,45);      %产生退化模型
gb=imfilter(f, PSF, 'circular');  %退化图像使用此命令产生。
```

运行上述命令，观察实验结果。仿照上述命令，修改参数自己产生一个模糊并加白噪声图像。

4) 图像复原

图像复原，即利用退化过程的先验知识，去恢复已被退化图像的本来面目，常用的方法有直接逆滤波和维纳滤波。MATLAB 图像处理工具箱提供了 4 个图像恢复函数，相应的 MATLAB 函数及其属性定义如下。

(1) deconvwnr：利用维纳滤波恢复，函数 deconvwnr 有三种可能的语法形式。在这些形式中，I 代表退化图像，fr 是复原图像，PSF 为退化系统的点扩散函数(单位脉冲响应)。

fr=deconvwnr(I, PSF)：假设信噪比为零，从而维纳滤波器就是逆滤波器。

fr=deconvwnr(I, PSF, NSPR)：假设信噪比功率已知，或是个常数或是个数组，这是一个参数维纳滤波器。

fr=deconvwnr(I, PSF, NACORR, FACORR)：假设噪声和未退化图像的自相关函数 NACORR 和 FACORR 是已知的。

例：运动模糊参数已知，获取模糊图像并利用维纳滤波进行复原程序如下：

```
I=imread('picture1.jpg');
len=100; theta=20;
PSF=fspecial('motion',len,theta);
Im1=imfilter(I,PSF,'circular','conv');
Im2=deconvwnr(Imh,psf);
figure(1); imshow(I);
figure(2); imshow(Im1);
figure(3); imshow(Im2);
```

(2) deconvreg：利用约束最小二乘滤波恢复，调用格式为：fr=deconvreg(I, PSF, NP, LRAGE, REGOP)，NP 表示图像的噪声强度；LRAGE 表示拉氏算子的搜索范围；REGOP 表示约束算子。

(3) deconvlucy：利用 Lucy-Richardson 恢复，调用格式为：fr=deconvlucy(I,PSF,N,D,W,R,S)，N 表示算法重复次数，默认值为 10；D 表示偏差阈值，默认值 0；W 表示像素加权值，默认为原图像像素值；R 表示噪声矩阵，默认值 0；S 为采样时间，默认值 1。

(4) deconvblind：利用盲卷积恢复，调用格式为：[J,PSF]=deconvblind(I,IN,N,D,W,R)，IN 表示 PSF 的估计值，N 表示算法重复次数，D 表示偏差阈值；W 用来屏蔽坏像素；R 表示噪声矩阵；J 表示恢复后图像。

5. 实验步骤

(1) 利用 MATLAB 编程，对一幅图像加入不同强度的噪声椒盐噪声、高斯噪声、斑点噪声等，分析图像特点，思考去噪方法。

(2) 运行维纳滤波图像复原程序，观察实验结果。

(3) 利用以上介绍的 4 种图像复原方法对自己产生的运动模糊退化图像进行恢复，显示处理结果，对比不同的复原方法的特点。

(4) 写出处理过程，提交原图像、噪声图像、模糊图像和恢复后的图像，注释每条命令，并回答相关问题。

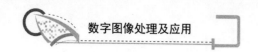

实验 5　图像的空间滤波

1. 实验目的

理解图像平滑和锐化两方面进行空间域滤波的原理；掌握图像均值滤波、中值滤波的原理与实现图像平滑的方法；掌握图像锐化的原理与方法。

2. 实验内容

(1) 用 MATLAB 图像处理工具箱中的演示程序感受不同滤波方法对图像产生的效果。

(2) 设计不同的平滑模板，加深对基于模板操作的空间滤波方法的理解，感受中值滤波、均值滤波方法对图像产生的不同影响。

(3) 采用不同的锐化模板作用于图像，对比不同锐化模板的性能及其对图像产生的影响。

3. 实验要求

写出各步骤的命令，提交原图像和相应滤波处理后的图像。

4. 实验相关知识

空间域滤波器根据功能主要分为平滑滤波器和锐化滤波器。平滑可用低通来实现，平滑滤波可以消除噪声，但同时可以去除细节使图像模糊。而图像锐化增强图像的边缘及灰度跳变的部分，使图像变得清晰，实现图像的高通滤波。

均值滤波算法主要思想为邻域平均法，即用几个像素灰度的平均值来代替每个像素的灰度。中值滤波法是一种非线性平滑技术，它将每一像素点的灰度值设置为该点某邻域窗口内的所有像素点灰度值的中值。这两种方法是常用的空间平滑滤波方法。

M 语言进行图像空间滤波的相关函数如下所述。

(1) imfilter

工具箱中的函数 imfilter 常被用来实现线形空间滤波，该函数的语法为：out=imfilter(I, w, filtering_mode, boundary_options, size_options)。

其中，I 是输入图像，w 为滤波模板，out 为滤波结果，其他参数见表 11-2。

表 11-2　imfilter 参数说明

选　　项	说　　明
滤波类型	
'corr'	滤波通过使用相关来完成。该值是默认值
'conv'	滤波通过使用卷积来完成
边界选项	
P	输入图像的边界通过用值 P(无引号)来填充来扩展。P 的默认值为 0
'replicate'	图像大小通过复制外边界的值来扩展

选　项	说　明
'symmetric'	图像大小通过镜像反射其边界来扩展
'circular'	图像大小通过将图像看成是一个二维周期函数的一个周期来扩展
大小选项	
'full'	输出图像的大小与被扩展图像的大小相同
'same'	输出图像的大小与输入图像的大小相同。这可通过将滤波模板的中心点的偏移限制到原图像中包含的点来实现。该值为默认值

例：对 blood1.tif 使用一个权值全部为 1 的 5×5 滤波器进行均值滤波，程序如下所示。

```
I=imread('blood1.tif');
h=ones(5,5)/25;
I2=imfilter(I,h);
subplot(1,2,1),imshow(I)
subplot(1,2,2),imshow(I2)
```

2) medfilt2

使用 M × N 的模板读 A 矩阵做中值滤波函数调用格式为：medfilt2(A,[M,N], padopt)，padopt 为边界填充方式：默认值是"zeros"。

例：中值滤波首先确定一个以某个像素为中心点的邻域，一般为方形邻域，也可以为圆形、十字形等等，然后将邻域中各像素的灰度值排序，取其中间值作为中心像素灰度的新值。

```
x=imread('img.jpg');        %读入一幅真彩色图像 img.jpg
y=rbg2gray(x);              %转成灰度图像
k=medfilt2(y);             %中值滤波，默认为 3×3 矩阵
figure, imshow(k);
```

3) 锐化滤波器

空间锐化滤波常用的锐化算子及其函数调用格式如下所示。

```
Bimg1 = edge(img,'sobel');     %sobel 算子锐化
Bimg2 = edge(img,'prewitt');   %prewitt 算子锐化
Bimg3= edge(img,'roberts');    %roberts 算子锐化
Bimg4 = edge(img,'log');       %log 算子锐化
Bimg5 = edge(img,'canny');     %canny 算子锐化
```

5. 实验步骤

(1) blood1.tif 平滑滤波的例子中，对每条语句进行注释。

(2) 选用尺寸分别为 7×7，15×15，31×31 的模板对 blood1.tif 进行平滑滤波，有怎样的结果？边界选项如果分别选默认值和'replicate'又会有怎样的结果？写出命令。

(3) 选用尺寸分别为 7×7，15×15，31×31 的模板对 blood1.tif 进行中值滤波，有怎样的

结果？写出命令。

(4) 对原图像叠加高斯噪声，椒盐噪声，乘性噪声，噪声方差为 0.02，然后利用邻域平均法和中值滤波法对该图像进行滤波，显示滤波后的图像。

(5) 利用不同的锐化算子对原图像进行空间滤波提取边缘信息，对比并分析处理结果有何异同。

实验 6　图像的频域滤波

1. 实验目的

熟悉图像傅里叶变换原理；掌握图像的频域滤波的基本方法和原理；熟练利用 MATLAB 对图像进行频域滤波。

2. 实验内容

(1) 学习并应用 fft2、ifft2 等函数编写快速傅里叶变换算法程序，验证二维傅里叶变换的平移性和旋转不变。

(2) 实现图像频域滤波，编程实现理想高、低通滤波器、Butterworth 高、低通滤波器实现频域滤波方法，加深对频域图像滤波的理解。

3. 实验要求

写出处理过程，提交原图像和相关滤波处理后的图像，并回答相关的问题。

4. 实验相关知识

频域滤波是变换域滤波的一种，它是指将图像进行变换后(频域是指经过傅里叶变换之后)，在变换域中对图像的变换系数进行处理(滤波)，处理完毕后再进行逆变换，获得滤波后的图像。完成频域变换及滤波的相关函数为下面几种。

1) fft2

一个大小为 M×N 图像数组 f 可以通过工具箱中的函数 fft2 得到，MATLAB 完成灰度图像的傅里叶变换，调用函数格式为：FX=fft2(X,M,N);

该函数返回一个大小仍为 M×N 的傅里叶变换，计算所得的数据原点在左上角。傅里叶变换的幅度谱可以使用函数 abs 来获得：S=abs(FX)。傅里叶的相位谱使用函数 angle(FX) 获得。

2) fftshift

MATLAB 提供的 fftshift 函数用于将变换后的图像频谱中心从矩阵的原点移到矩阵的中心，其语法格式为：B = fftshift(FX) ;

对于矩阵 FX，B = fftshift(FX)将 FX 的一、三象限和二、四象限进行互换。

3) ifft2

ifft2 函数用于数字图像的二维傅里叶反变换，调用函数格式为：I= ifft2(B);

ifft2 返回频谱图像 B 的二维傅里叶反变换矩阵，得到和图像 B 大小相同输入图像 I。若用于计算的 F 输入是实数，则理论上逆变换结果也应该是实数。然而，ifft2 的输出实际上都会有很小的虚数分量，这是由浮点计算的舍入误差所导致的。因此，最好是在计算逆变换后提取结果的实部，以便获得仅由实数组成的图像。两种操作可以合并在一起，格式为：g=real(ifft2(F));

例：读入一幅图像，计算其傅里叶变换，显示其频谱，并计算傅里叶逆变换。我们可以用如下语句来计算图像 f 的傅里叶变换并显示其频谱。

```
F=fft2(f);
S=abs(F); figure,imshow(S,[]);
Fc=fftshift(F); figure,imshow(abs(Fc),[]);
S2=log(1+abs(Fc)); figure,imshow(S2,[]); %使用对数来处理该问题，使可视细节增加。
```

另外，根据上面的叙述，想一想，imshow 函数为什么要用一个空矩阵作参数？

4) 频域滤波

频域滤波的基本方法如下所述。

(1) 计算原图像 f(x,y) 的 DFT，可以调用 MATLAB 工具箱中的 fft2 函数。

(2) 利用 fftshift 将频谱的零频点移动到频谱图的中心位置。

(3) 计算滤波器函数 H(U,V) 与 F(U,V) 的乘积 G(U,V)。

(4) 将频谱 G(U,V) 的零频点移回到频谱图的坐上角。

(5) 计算(4)的结果的傅里叶反变换 g(x,y)。

(6) 取 g(x,y) 的实部作为最终的滤波后的结果图像。

例：针对某加噪声的灰度图像 I 的完成理想通滤波程序如下所示。

```
clc;
clear all;
close all;
I=imread('picture1.bmp');
%I=rgb2gray(I);
s=fftshift(fft2(I));
[a,b]=size(s);
a0=round(a/2);
b0=round(b/2);
d=10;    %滤波半径
for i=1:a
for j=1:b
   distance=sqrt((i-a0)^2+(j-b0)^2);
   if distance<=d h=1;
   else h=0;
   end;
   Fout(i,j)=h*s(i,j);
   end;
end;
```

```
out=uint8(real(ifft2(ifftshift(Fout))));
subplot(121),
imshow(s);
title('原图像');
subplot(122),
imshow(out);
title('低通滤波所得图像');
```

5. 实验步骤

(1) 用 MATLAB 图像处理工具箱中的演示程序感受不同滤波方法对图像产生的效果。输入命令 edgedemo，出现 "Edge detection demo" 窗口；输入命令 firdemo，出现 "2-D FIR filtering and filter design demo" 窗口。

(2) 验证二维傅里叶变换的平移性，就先建立一个二维图像然后再对其平移通过观察两者的频谱图来观察平移特性。

(3) 验证二维傅里叶变换的旋转不变性可以通过将原始数组的通过移动 45 度,然后再比较旋转后与旋转前的频谱，得出频谱旋转不变性的结论。

(4) 使用 imnoise 函数给原图像添加概率为 0.2 的椒盐噪声，分别使用低通、高通、滤波器对图像进行滤波，显示 D_0=5、10、20、40 时的滤波效果，说明两种滤波影响及存在差异的原因。当采用 Butterworth 滤波器处理时，说明滤波影响及存在差异的原因。

实验 7　彩色图像的处理

1. 实验目的

加深对 RGB 彩色图像、彩色空间概念的理解，掌握 RGB、HSI、CMY、YUV 等颜色模型与颜色空间的变换原理；掌握对彩色图像进行增强等处理方法。

2. 实验内容

(1) 读入 RGB 图像，利用 MATLAB 将分解为 R、G、B 这 3 个分量并显示。

(2) 完成 RGB 彩色图像和 HIS、CMY、YUV 等彩色空间的变换，并显示不同模型下的彩色分量，分析不同空间模型的特点。

(3) 对彩色图像进行直方图均衡，正确解释均衡处理后的结果，对单色图像进行伪彩色增强处理。

3. 实验要求

写出处理过程，提交原图像和相应变换处理后的图像。

4. 实验相关知识

1) RGB 图像

真彩色 RGB 图像是指图像中的每个像素值都分成 R、G、B 3 个基色分量，图像深度为 24bit。令 FR、FG 和 FB 分别代表 3 种 RGB 分量图像，一幅 RGB 图像就是利用 cat 操作将这些分量图像组合成的彩色图像，如下所示。

rgb_image=cat(3,FR,FG,FB)。

而下面的命令可以提取出 3 幅分量图像。

```
FR=rgb_image(:,:,1);
FG=rgb_image(:,:,2);
FB=rgb_image(:,:,3);
```

要注意到，一个双精度类型的 RGB 数组中，每一个颜色分量都是一个[0, 1]范围内的数值；而 uint8 类型的 RGB 数组，每一个颜色分量都在[0, 255]范围内。

2）不同彩色空间模型转化

MATLAB 工具箱里的颜色转换函数如下所示。

(1) rgb2ntsc(rgb 模型转换为 ntsc 模型)。

(2) ntsc2rgb(ntsc 模型转换为 rgb 模型)。

(3) rgb2hsv(rgb 模型转换为 hsv 模型)。

(4) hsv2rgb(hsv 模型转换为 rgb 模型)。

(5) ycbcr2rgb(ycbcr 模型转换为 rgb 模型)。

如果是索引图则调用格式为：[I map]=imread('*.bmp')或 J=ind2gray(I,map)。

3）彩色图像增强

(1) 真彩色增强：在 MATLAB 中，调用 imfilter 函数对一幅真彩色(三维数据)图像使用二维滤波器进行滤波，就相当于使用同一个二维滤波器对数据的每一个平面单独进行滤波。imfilter 函数格式：B=imfilter(A,h)。

说明

将原始图像 A 按指定的滤波器 h 进行滤波增强处理，增强后的图像 B 与 A 的尺寸和类型相同。

例：利用直方图均衡化方法对彩色图像增强 MATLAB 程序如下所示。

```
clc;
RGB=imread('picture1.jpg');   %输入彩色图像，得到三维数组
R=RGB(:,:,1); %得到红绿蓝 3 个分量
G=RGB(:,:,2);
B=RGB(:,:,3);
r=histeq(R); %对个分量直方图均衡化，得到个分量均衡化图像
g=histeq(G);
b=histeq(B);
figure,
newimg = cat(3,r,g,b); %通过均衡化后的图像还原输出原图像
imshow(newimg,[]);
title('均衡化后分量图像还原输出原图');
```

(2) 伪彩色增强：伪彩色增强是把黑白图像的各个不同灰度级按照线性或非线性的映射函数变换成不同的彩色，得到一幅彩色图像的技术。使原图像细节更易辨认，目标更容易识别。亮点分割法密度分割法是把灰度图像的灰度级从 0(黑)到 M_0(白)分成 N 个区间 $I_i(i=1, 2, \cdots, N)$，给每个区间 I_i 指定一种彩色 C_i，这样，便可以把一幅灰度图像变成一幅伪彩色图像。

如原图像是 256 级灰度图像，将 256 级灰度对应 8 种颜色，灰度级分布与颜色对应表见表 11-3。

表 11-3　灰度级与颜色对应关系

灰度级	0~31	32~63	64~95	96~127	128~154	155~191	192~233	234~255
颜色	黑	蓝	绿	青	红	品红	黄	白

各个颜色的 RGB 组合见表 11-4。

表 11-4　各个颜色的 RGB 组合

颜色	红	绿	蓝
黑	0	0	0
蓝	0	0	255
绿	0	255	0
青	0	255	255
红	255	0	0
品红	255	0	255
黄	255	255	0
白	255	255	255

5. 实验步骤

(1) 选取几幅彩色图像提取它们的 RGB 分量，并再组合成彩色图像。

(2) 根据所学知识，分别做出全红、全绿、全蓝的 3 幅图像。

(3) 选取一幅彩色图像，用 imfilter 函数对其进行平滑处理。

(4) 采用亮度切割的方法，编程实现对一幅灰度图像的伪彩色增强。

提示

① 复习亮度切割的原理。

② 可以从最简单的变换成两种色彩着手，即灰度值大于某个阈值变换为一种色彩，而小于该阈值的变换为另一种色彩。

③ 阈值和变换成何种色彩可以自定。

④ 有能力的同学可以变换成多种色彩的伪彩色增强图。

实验 8　综合设计实验

题目一、人脸识别系统

要求：自行采集不同人脸图像，设计识别系列工作界面，研究任意人脸识别算法，完成自动的人脸识别系统。(采用 MATLAB 语言，设计方案和算法自定，人脸图像不能少于 50 幅，成绩根据识别准确率高低、识别速度评定)

题目二、基于图像处理车牌定位与字符分割综合设计实验

要求：自行采集车辆图像，设计系统工作界面，研究车牌定位和字符分割算法，完成静止车辆车牌号码的自动分割。(采用 MATLAB 语言，设计方案和算法自定，待分割图像不能少于 3 幅，原像中至少包含一种噪声(高斯分布、均匀分布、椒盐噪声等)，成绩根据字符分割准确率高低、分割速度评定。)

参 考 文 献

[1] [美]R.C.冈萨雷斯. 数字图像处理[M]. 阮秋琦，译. 北京：电子工业出版社，2003.

[2] [美]R.C.冈萨雷斯. 数字图像处理(MATLAB 版)[M]. 阮秋琦，译. 北京：电子工业出版社，2005.

[3] 章毓晋. 图像工程，(上，中，下)[M]. 2 版. 北京：清华大学出版社，2005.

[4] 陈炳权，刘宏立，孟凡斌. 数字图像处理技术的现状及其发展方向[J]. 吉首大学学报，2009，30(1)，63-71.

[5] 王萍，程号，罗颖昕. 基于色调不变的彩色图像增强[J]. 中国图象图形学报，2007，12(7)：1173-1177.

[6] 于烨，陆建华，郑君里. 一种新的彩色图像边缘检测算法[M]. 清华大学学报：自然科学版，2005，45(10): 1339-1343.

[7] 韩晓微. 彩色图像处理关键技术研究[D]. 东北大学博士研究生论文，2005.

[8] 姚晨. 彩色化和色彩转移图像处理关键技术研究[D].上海交通大学博士研究生论文，2012.

[9] 丁玮，齐东旭. 数字图像变换及信息隐藏与伪装技术[J]. 计算机学报. 1998，21(09),838-844.

[10] 侯波. 基于小波变换消除遥感图像噪声[D]. 中国科学院研究生院(遥感应用研究所). 博士研究生论文，2002.

[11] 田润澜，肖卫华，齐兴龙. 几种图像变换算法性能比较[J]. 吉林大学学报(信息科学版). 2010，28(05)，439-445.

[12] 许欣. 图像增强若干理论方法与应用研究[D]. 南京理工大学博士研究生论文，2010.

[13] 王胜军，梁德群. 一种基于图像方向信息测度算法的自适应表格图像增强算法[J]. 中国图象图形学报，2006，11(1):60-65.

[14] 肖燕峰. 基于 Retinex 理论的图像增强恢复算法研究[D]. 上海交通大学硕士研究生论文，2007.

[15] 刘雪超，等. 结合自适应窗口的二维直方图图像增强[J]. 红外与激光工程. 2014，43(6)，2027-2035.

[16] 陈德军. 图像复原技术及应用研究[D]. 重庆大学硕士研究生论文，2005.

[17] 沈峒，等. 数字图像复原技术综述[J]. 中国图象图形学报.2009，14(9): 1764-1775.

[18] 段彩艳. 常见模糊类型图像复原的研究与实现[D]. 昆明理工大学硕士研究生论文，2009.

[19] 张红英，彭启琮. 数字图像修复技术综述[J]. 2007，12(1): 1-10.

[20] 黄伟，龚沛曾. 图像压缩中的几种编码方法[J]. 计算机应用研究. 2003，20(8)：67-69.

[21] 张海燕，王东木. 图像压缩技术[J]. 系统仿真学报. 2002，14(7)：831-835.

[22] 李俊山，李旭辉. 数字图像处理[M]. 2 版. 北京：清华大学出版社，2007.

[23] 张德丰. MATLAB 数字图像处理[M]. 2 版. 北京：机械工业出版社，2012.

[24] [美]尼克松(MarkS.Nixon)，特征提取与图像处理[M]. 李实英，杨高波，译. 北京：电子工业出版社，2010.

[25] [美]A.Rosenfeld，Avinash C.Kak. Digital Picture Processing[M]. New York : Vol. Ⅰ-Ⅱ，Academic Press，1982.

[26] 赵小川，何灏，缪远诚，等. MATLAB 数字图像处理实践[M]. 北京：机械工业出版社，2013.

[27] 张德丰. MATLAB 数字图像处理[M]. 2 版. 北京：机械工业出版社，2012.

[28] 王丽娜，郭迟，李鹏. 信息隐藏技术实验教程[M]. 武汉：武汉大学出版社，2004.

[29] [美]R.C.冈萨雷斯，等. 数字图像处理[M]. 3 版. 阮秋琦，等译. 北京：电子工业出版社，2011.

北京大学出版社本科电气信息系列实用规划教材

序号	书名	书号	编著者	定价	出版年份	教辅及获奖情况
			物联网工程			
1	物联网概论	7-301-23473-0	王 平	38	2014	电子课件/答案,有"多媒体移动交互式教材"
2	物联网概论	7-301-21439-8	王金甫	42	2012	电子课件/答案
3	现代通信网络	7-301-24557-6	胡珺珺	38	2014	电子课件/答案
4	物联网安全	7-301-24153-0	王金甫	43	2014	电子课件/答案
5	通信网络基础	7-301-23983-4	王昊	32	2014	
6	无线通信原理	7-301-23705-2	许晓丽	42	2014	电子课件/答案
7	家居物联网技术开发与实践	7-301-22385-7	付 蔚	39	2013	电子课件/答案
8	物联网技术案例教程	7-301-22436-6	崔逊学	40	2013	电子课件
9	传感器技术及应用电路项目化教程	7-301-22110-5	钱裕禄	30	2013	电子课件/视频素材,宁波市教学成果奖
10	网络工程与管理	7-301-20763-5	谢 慧	39	2012	电子课件/答案
11	电磁场与电磁波(第2版)	7-301-20508-2	邬春明	32	2012	电子课件/答案
12	现代交换技术(第2版)	7-301-18889-7	姚 军	36	2013	电子课件/习题答案
13	传感器基础(第2版)	7-301-19174-3	赵玉刚	32	2013	
14	物联网基础与应用	7-301-16598-0	李蔚田	44	2012	电子课件
15	通信技术实用教程	7-301-25386-1	谢 慧	36	2015	电子课件/习题答案
			单片机与嵌入式			
1	嵌入式ARM系统原理与实例开发(第2版)	7-301-16870-7	杨宗德	32	2011	电子课件/素材
2	ARM嵌入式系统基础与开发教程	7-301-17318-3	丁文龙 李志军	36	2010	电子课件/习题答案
3	嵌入式系统设计及应用	7-301-19451-5	邢吉生	44	2011	电子课件/实验程序素材
4	嵌入式系统开发基础-----基于八位单片机的C语言程序设计	7-301-17468-5	侯殿有	49	2012	电子课件/答案/素材
5	嵌入式系统基础实践教程	7-301-22447-2	韩 磊	35	2013	电子课件
6	单片机原理与接口技术	7-301-19175-0	李 升	46	2011	电子课件/习题答案
7	单片机系统设计与实例开发(MSP430)	7-301-21672-9	顾 涛	44	2013	电子课件/答案
8	单片机原理与应用技术	7-301-10760-7	魏立峰 王宝兴	25	2009	电子课件
9	单片机原理及应用教程(第2版)	7-301-22437-3	范立南	43	2013	电子课件/习题答案,辽宁"十二五"教材
10	单片机原理与应用及C51程序设计	7-301-13676-8	唐 颖	30	2011	电子课件
11	单片机原理与应用及其实验指导书	7-301-21058-1	邵发森	44	2012	电子课件/答案/素材
12	MCS-51单片机原理及应用	7-301-22882-1	黄翠翠	34	2013	电子课件/程序代码
			物理、能源、微电子			
1	物理光学理论与应用(第2版)	7-301-26024-1	宋贵才	46	2015	电子课件/习题答案,"十二五"普通高等教育本科国家级规划教材
2	现代光学	7-301-23639-0	宋贵才	36	2014	电子课件/答案
3	平板显示技术基础	7-301-22111-2	王丽娟	52	2013	电子课件/答案
4	集成电路版图设计	7-301-21235-6	陆学斌	32	2012	电子课件/习题答案
5	新能源与分布式发电技术	7-301-17677-1	朱永强	32	2010	电子课件/习题答案,北京市精品教材,北京市"十二五"教材
6	太阳能电池原理与应用	7-301-18672-5	靳瑞敏	25	2011	电子课件

序号	书名	书号	编著者	定价	出版年份	教辅及获奖情况
7	新能源照明技术	7-301-23123-4	李姿景	33	2013	电子课件/答案
		基 础 课				
1	电工与电子技术(上册)(第2版)	7-301-19183-5	吴舒辞	30	2011	电子课件/习题答案，湖南省"十二五"教材
2	电工与电子技术(下册)(第2版)	7-301-19229-0	徐卓农 李士军	32	2011	电子课件/习题答案，湖南省"十二五"教材
3	电路分析	7-301-12179-5	王艳红 蒋学华	38	2010	电子课件，山东省第二届优秀教材奖
4	模拟电子技术实验教程	7-301-13121-3	谭海曙	24	2010	电子课件
5	运筹学(第2版)	7-301-18860-6	吴亚丽 张俊敏	28	2011	电子课件/习题答案
6	电路与模拟电子技术	7-301-04595-4	张绪光 刘在娥	35	2009	电子课件/习题答案
7	微机原理及接口技术	7-301-16931-5	肖洪兵	32	2010	电子课件/习题答案
8	数字电子技术	7-301-16932-2	刘金华	30	2010	电子课件/习题答案
9	微机原理及接口技术实验指导书	7-301-17614-6	李干林 李 升	22	2010	课件(实验报告)
10	模拟电子技术	7-301-17700-6	张绪光 刘在娥	36	2010	电子课件/习题答案
11	电工技术	7-301-18493-6	张 莉 张绪光	26	2011	电子课件/习题答案，山东省"十二五"教材
12	电路分析基础	7-301-20505-1	吴舒辞	38	2012	电子课件/习题答案
13	模拟电子线路	7-301-20725-3	宋树祥	38	2012	电子课件/习题答案
14	数字电子技术	7-301-21304-9	秦长海 张天鹏	49	2013	电子课件/答案，河南省"十二五"教材
15	模拟电子与数字逻辑	7-301-21450-3	邬春明	39	2012	电子课件
16	电路与模拟电子技术实验指导书	7-301-20351-4	唐 颖	26	2012	部分课件
17	电子电路基础实验与课程设计	7-301-22474-8	武 林	36	2013	部分课件
18	电文化——电气信息学科概论	7-301-22484-7	高 心	30	2013	
19	实用数字电子技术	7-301-22598-1	钱裕禄	30	2013	电子课件/答案/其他素材
20	模拟电子技术学习指导及习题精选	7-301-23124-1	姚娅川	30	2013	电子课件
21	电工电子基础实验及综合设计指导	7-301-23221-7	盛桂珍	32	2013	
22	电子技术实验教程	7-301-23736-6	司朝良	33	2014	
23	电工技术	7-301-24181-3	赵莹	46	2014	电子课件/习题答案
24	电子技术实验教程	7-301-24449-4	马秋明	26	2014	
25	微控制器原理及应用	7-301-24812-6	丁筱玲	42	2014	
26	模拟电子技术基础学习指导与习题分析	7-301-25507-0	李大军 唐 颖	32	2015	电子课件/习题答案
27	电工学实验教程（第2版）	7-301-25343-4	王士军 张绪光	27	2015	
28	微机原理及接口技术	7-301-26063-0	李干林	42	2015	电子课件/习题答案
29	简明电路分析	7-301-26062-3	姜 涛	48	2015	电子课件/习题答案
		电子、通信				
1	DSP技术及应用	7-301-10759-1	吴冬梅 张玉杰	26	2011	电子课件，中国大学出版社图书奖首届优秀教材奖一等奖
2	电子工艺实习	7-301-10699-0	周春阳	19	2010	电子课件
3	电子工艺学教程	7-301-10744-7	张立毅 王华奎	32	2010	电子课件，中国大学出版社图书奖首届优秀教材奖一等奖
4	信号与系统	7-301-10761-4	华 容 隋晓红	33	2011	电子课件
5	信息与通信工程专业英语(第2版)	7-301-19318-1	韩定定 李明明	32	2012	电子课件/参考译文，中国电子教育学会2012年全国电子信息类优秀教材
6	高频电子线路(第2版)	7-301-16520-1	宋树祥 周冬梅	35	2009	电子课件/习题答案

序号	书名	书号	编著者	定价	出版年份	教辅及获奖情况
7	MATLAB 基础及其应用教程	7-301-11442-1	周开利 邓春晖	24	2011	电子课件
8	计算机网络	7-301-11508-4	郭银景 孙红雨	31	2009	电子课件
9	通信原理	7-301-12178-8	隋晓红 钟晓玲	32	2007	电子课件
10	数字图像处理	7-301-12176-4	曹茂永	23	2007	电子课件,"十二五"普通高等教育本科国家级规划教材
11	移动通信	7-301-11502-2	郭俊强 李 成	22	2010	电子课件
12	生物医学数据分析及其 MATLAB 实现	7-301-14472-5	尚志刚 张建华	25	2009	电子课件/习题答案/素材
13	信号处理 MATLAB 实验教程	7-301-15168-6	李 杰 张 猛	20	2009	实验素材
14	通信网的信令系统	7-301-15786-2	张云麟	24	2009	电子课件
15	数字信号处理	7-301-16076-3	王震宇 张培珍	32	2010	电子课件/答案/素材
16	光纤通信	7-301-12379-9	卢志茂 冯进玫	28	2010	电子课件/习题答案
17	离散信息论基础	7-301-17382-4	范九伦 谢 勰	25	2010	电子课件/习题答案,"十二五"普通高等教育本科国家级规划教材
18	光纤通信	7-301-17683-2	李丽君 徐文云	26	2010	电子课件/习题答案
19	数字信号处理	7-301-17986-4	王玉德	32	2010	电子课件/答案/素材
20	电子线路 CAD	7-301-18285-7	周荣富 曾 技	41	2011	电子课件
21	MATLAB 基础及应用	7-301-16739-7	李国朝	39	2011	电子课件/答案/素材
22	信息论与编码	7-301-18352-6	隋晓红 王艳营	24	2011	电子课件/习题答案
23	现代电子系统设计教程	7-301-18496-7	宋晓梅	36	2011	电子课件/习题答案
24	移动通信	7-301-19320-4	刘维超 时 颖	39	2011	电子课件/习题答案
25	电子信息类专业 MATLAB 实验教程	7-301-19452-2	李明明	42	2011	电子课件/习题答案
26	信号与系统	7-301-20340-8	李云红	29	2012	电子课件
27	数字图像处理	7-301-20339-2	李云红	36	2012	电子课件
28	编码调制技术	7-301-20506-8	黄 平	26	2012	电子课件
29	Mathcad 在信号与系统中的应用	7-301-20918-9	郭仁春	30	2012	
30	MATLAB 基础与应用教程	7-301-21247-9	王月明	32	2013	电子课件/答案
31	电子信息与通信工程专业英语	7-301-21688-0	孙桂芝	36	2012	电子课件
32	微波技术基础及其应用	7-301-21849-5	李泽民	49	2013	电子课件/习题答案/补充材料等
33	图像处理算法及应用	7-301-21607-1	李文书	48	2012	电子课件
34	网络系统分析与设计	7-301-20644-7	严承华	39	2012	电子课件
35	DSP 技术及应用	7-301-22109-9	董 胜	39	2013	电子课件/答案
36	通信原理实验与课程设计	7-301-22528-8	邬春明	34	2015	电子课件
37	信号与系统	7-301-22582-0	许丽佳	38	2013	电子课件/答案
38	信号与线性系统	7-301-22776-3	朱明早	33	2013	电子课件/答案
39	信号分析与处理	7-301-22919-4	李会容	39	2013	电子课件/答案
40	MATLAB 基础及实验教程	7-301-23022-0	杨成慧	36	2013	电子课件/答案
41	DSP 技术与应用基础(第 2 版)	7-301-24777-8	俞一彪	45	2015	
42	EDA 技术及数字系统的应用	7-301-23877-6	包 明	55	2015	
43	算法设计、分析与应用教程	7-301-24352-7	李文书	49	2014	
44	Android 开发工程师案例教程	7-301-24469-2	倪红军	48	2014	
45	ERP 原理及应用	7-301-23735-9	朱宝慧	43	2014	电子课件/答案
46	综合电子系统设计与实践	7-301-25509-4	武 林 陈 希	32(估)	2015	
47	高频电子技术	7-301-25508-7	赵玉刚	29	2015	电子课件
48	信息与通信专业英语	7-301-25506-3	刘小佳	29	2015	电子课件
49	信号与系统	7-301-25984-9	张建奇	45	2015	电子课件
50	数字图像处理及应用	7-301-26112-5	张培珍	36	2015	电子课件/习题答案

序号	书名	书号	编著者	定价	出版年份	教辅及获奖情况
			自动化、电气			
1	自动控制原理	7-301-22386-4	佟威	30	2013	电子课件/答案
2	自动控制原理	7-301-22936-1	邢春芳	39	2013	
3	自动控制原理	7-301-22448-9	谭功全	44	2013	
4	自动控制原理	7-301-22112-9	许丽佳	30	2015	
5	自动控制原理	7-301-16933-9	丁红 李学军	32	2010	电子课件/答案/素材
6	现代控制理论基础	7-301-10512-2	侯媛彬等	20	2010	电子课件/素材，国家级"十一五"规划教材
7	计算机控制系统(第2版)	7-301-23271-2	徐文尚	48	2013	电子课件/答案
8	电力系统继电保护(第2版)	7-301-21366-7	马永翔	42	2013	电子课件/习题答案
9	电气控制技术(第2版)	7-301-24933-8	韩顺杰 吕树清	28	2014	电子课件
10	自动化专业英语(第2版)	7-301-25091-4	李国厚 王春阳	46	2014	电子课件/参考译文
11	电力电子技术及应用	7-301-13577-8	张润和	38	2008	电子课件
12	高电压技术	7-301-14461-9	马永翔	28	2009	电子课件/习题答案
13	电力系统分析	7-301-14460-2	曹娜	35	2009	
14	综合布线系统基础教程	7-301-14994-2	吴达金	24	2009	电子课件
15	PLC原理及应用	7-301-17797-6	缪志农 郭新年	26	2010	电子课件
16	集散控制系统	7-301-18131-7	周荣富 陶文英	36	2011	电子课件/习题答案
17	控制电机与特种电机及其控制系统	7-301-18260-4	孙冠群 于少娟	42	2011	电子课件/习题答案
18	电气信息类专业英语	7-301-19447-8	缪志农	40	2011	电子课件/习题答案
19	综合布线系统管理教程	7-301-16598-0	吴达金	39	2012	电子课件
20	供配电技术	7-301-16367-2	王玉华	49	2012	电子课件/习题答案
21	PLC技术与应用(西门子版)	7-301-22529-5	丁金婷	32	2013	电子课件
22	电机、拖动与控制	7-301-22872-2	万芳瑛	34	2013	电子课件/答案
23	电气信息工程专业英语	7-301-22920-0	余兴波	26	2013	电子课件/译文
24	集散控制系统(第2版)	7-301-23081-7	刘翠玲	36	2013	电子课件，2014年中国电子教育学会"全国电子信息类优秀教材"一等奖
25	工控组态软件及应用	7-301-23754-0	何坚强	49	2014	电子课件/答案
26	发电厂变电所电气部分(第2版)	7-301-23674-1	马永翔	48	2014	电子课件/答案
27	自动控制原理实验教程	7-301-25471-4	丁红 贾玉瑛	29	2015	
28	自动控制原理（第2版）	7-301-25510-0	袁德成	35	2015	电子课件，辽宁省"十二五"教材
29	电机与电力电子技术	7-301-25736-4	孙冠群	45	2015	电子课件/答案

如您需要更多教学资源如电子课件、电子样章、习题答案等，请登录北京大学出版社第六事业部官网 www.pup6.cn 搜索下载。

如您需要浏览更多专业教材，请扫下面的二维码，关注北京大学出版社第六事业部官方微信（微信号：pup6book），随时查询专业教材、浏览教材目录、内容简介等信息，并可在线申请纸质样书用于教学。

感谢您使用我们的教材，欢迎您随时与我们联系，我们将及时做好全方位的服务。联系方式：010-62750667，szheng_pup6@163.com，pup_6@163.com，lihu80@163.com，欢迎来电来信。客户服务QQ号：1292552107，欢迎随时咨询。

二维码汇总

为了更方便读者扫码，特将文中出现的二维码汇总至此，供参考。

(1) 图 3.1 安检机展示的包裹图像(图片来源网络)，右图

(2) 图 3.3 色盲眼中的图像(左边为正常图像，右边为患者眼中的图像)

(3) 图 3.4 光和颜料的原色以及二次色

(4) 图 3.5 CIE 色度图，左图

(5) 图 3.6 RGB 彩色模型，右图

(6) 图 3.9 Lena 图像的 RGB 模型和 HSI 模型

(7) 图 3.10 Lena 图像 HSI 模型中的 3 个分量，(a)

(8) 图 3.11 Baboon 图像的灰度分层效果

(9) 图 3.12 全彩色图像的基本处理

(10) 图 3.18 星云图像的 HSI 空间分割，(a)

(11) 图 3.21　彩色 Baboon 图像

(12) 图 8.25　RGB 彩色图像分割,(a)

(13) 表 9-1　RGB 16 位颜色索引表

(14) 图 9.3　图像的聚合向量

(15) 图 10.8　伪彩色化的效果图